麻思冷一家人守护地球的世界之旅

地球使用说明书2

麻思冷一家人守护地球的世界之旅

地球使用说明书2

[韩] 张美晶 主编　[韩] 金智敏 著/绘　陈治利 译

山东美术出版社

和麻思冷家族一起开启守护地球的世界之旅吧！

不久前，因为台风“海燕”的袭击，菲律宾有很多人失去了家人、家园、工作。他们因气候变化，一夜间失去家园，成了难民。不仅如此，5年前，日本发生的核事故导致无数人受灾，并面临死亡——辐射污染非常恐怖，连吃东西也令人恐惧。地球的状态很反常。

之前，曾向大家介绍过一个外星人麻思冷，他是从一个叫作乌库达斯的垃圾星球上逃出来的。读过《地球使用说明书1》的朋友们，应该都知道麻思冷家族吧？他们因为自己曾经居住的乌库达斯星球遍地垃圾，而不得不来到别人的星球，即地球。那么，他们为什么不去别的星球，而选择了地球呢？那是因为麻思冷家族认为地球还有希望。然而近来，地球发生了反常现象。三天两头出事，地球各处传来的消息也不同寻常。地球真的有情况。

实际上，麻思冷家族刚移民地球的时候，尽管是为了不被人们从这个星球驱逐出去，他们还是自觉地随身带着《地球使用说明书1》，并努力遵守守则的。但是随着时间流逝，他们渐渐开始遗忘。因为地球这个星球上的人和乌库达斯星球人，生活方式也没什么不同。刚开始，他们也很担心地球会像乌库达斯一样毁灭，但后来还是渐渐地习惯了便利的生活。

这是发生在几个月前的事了。地球的朋友——韩国环境运动联合会邀请了亚马孙地区的原住民。因为在人们对环境问题漠不关心的时候，在地球的另一端，森林在逐渐消失，有很多人正饱受痛苦。我们所有人都应该一起保护地球。亚马孙原住民的酋长和首尔市长，就环

境问题进行了讨论。他们指出："追求开发和利润本身没有错，但是需要思考的是：追求过程中，方法是否正确。"

通过电视，看到这个讨论会的大部分乌库达斯人都开始恐惧。因为他们比任何人都清楚：乌库达斯人想要在地球上生活下去的话，他们也必须一起保护地球。他们在离开垃圾星球——乌库达斯的时候就已经清楚懂得："明明知道自己生活的星球有危险，却什么也不做，是多么愚蠢的一件事。"

然而，这本书的主人公麻思冷家族又是怎样的呢？他们重犯了在乌库达斯犯过的错，又一次被选为"破坏地球年度人物"。联合国为了拯救地球，决定将麻思冷家族逐出地球。但是，就算犯了错，也应该给他们一次机会，对吧？

乌库达斯人命令麻思冷家族游历地球的各个地方，到现场去亲眼看看遭受破坏的地球。现在，麻思冷家族要从冰川融化的阿拉斯加游历到哥本哈根的森林幼稚园；从地球环境被破坏的地方游历到爱护地球的地方。并且，在游历期间，必须执行44个环境保护任务。他们是否能做好呢？这需要大家的支持，大家愿意一起行动吗？

好的，准备好了吗？和麻思冷家族一起开启保护环境环游世界之旅吧，出发！！

2016年新年开始的第一天

张美晶、金春栗、廉光熙

写给乌库达斯人的声明

向地球上的乌库达斯人呼吁

69年前，我们乌库达斯人，离开了我们那个成为垃圾堆的行星，漂泊在宇宙中。后来，我们发现了这个美丽的星球——地球。我们很幸运，热情的地球人接纳了已经成为宇宙难民的乌库达斯人。乌库达斯人得到了联合国的“地球居住许可证”，秘密居住在地球上。这一许可，是建立在不污染地球环境的条件下颁发的。所以，我们乌库达斯地球移民对策委员会编写了《地球使用说明书1》，希望地球上的所有乌库达斯人都能随身携带，随时随地仔细阅读。

大多数的乌库达斯人都能很好地遵守《地球使用说明书1》里的环境守则，并且事实上，在环境保护主义者中，也有大量的乌库达斯人，我们深感欣慰。尤其让我们感到骄傲的是，大家熟知的环境保护主义者珍·某某女士也是乌库达斯人中的一员。但，并不是所有乌库达斯人都能很好地遵守约定。

他们渐渐忘记了之前这一美丽的约定，开始重蹈在乌库达斯星球上的错误行为。甚至于，在去年的某本杂志上刊登出的“破坏地球年度人物”依然是乌库达斯人，而且还是同一个家族的人。对此，联合国方面决定取消他们的地球居住许可。

大家是不是想问，连续两年被选为“破坏地球年度人物”的乌库达斯人是哪些人呢？大家应该也猜到了。正是连名字也很可怕的“麻思冷家族”， 麻思冷家族的罪行是令人痛恨的。作为乌库达斯地球移民对策委员长的我，也是有责任的。但是，作为他们的同胞，我不能将他们变成宇宙难民。

我请求联合国再给他们最后一次机会。非常感谢联合国同意了我这一不知廉耻的请求。但麻思冷家族想要抓住这次机会并不容易，险峻的考验正等着他们。麻思冷家族能否通过这些考验，保住“地球居住许可证”呢？

让我们一起期待吧。因为这再也不仅仅是别人的事，而是我们所有人应该共同面对的事。坡嘛亚麻，乌库达斯！

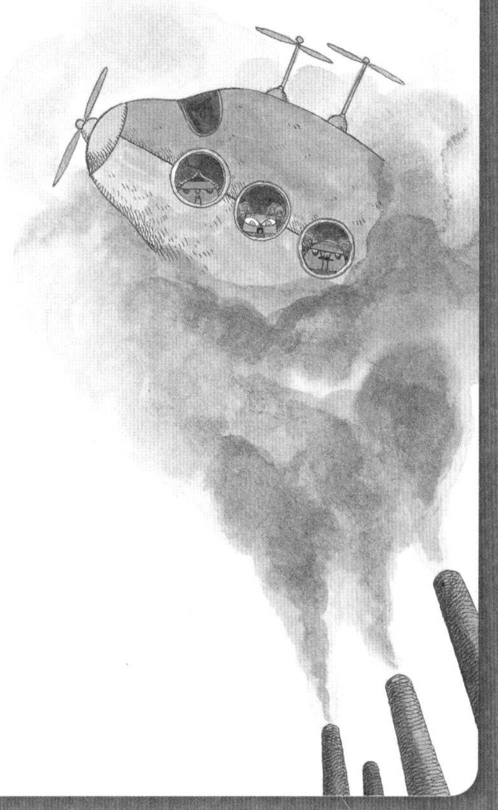

地球移民 69 年，地球年历 2016 年
乌库达斯地球移民对策委员会
第六代委员长 洛基 · 库基

登场人物介绍

麻思冷

在大卖场里做销售工作，负责让大家把家里的东西“全都换掉”。这份工作的主要内容是：想办法让顾客把家里好端端的东西都扔掉，然后来买新的东西。他的兴趣是：拾掇花坛和开车兜风。为了拾掇花坛，他喜欢用有毒的除草剂和杀虫剂。喜欢在夏天把空调温度设置很低。他还喜欢一个人开着耗油量和河马胃口一样大的 7 人座轿车，出去兜风。他说自己是一个孤独的男人。

麻都用

麻思冷先生的夫人，全职主妇，自称“生活女王”。为了把家里的角角落落打扫干净、为了把家人的衣服洗得像雪一样白，用带毒性的合成洗涤剂和漂白剂等等的时候，毫不吝啬。为了家人的健康，每天早晨，她还要为家人准备新鲜的水果汁。而且，一定要用加利福尼亚产的橘子、印度尼西亚产的芒果、洪都拉斯产的香蕉等进口水果。她说，用进口水果做出来的果汁才好喝。麻都用女士的兴趣是：换发型。她每个月都要做一次烫发，染一次头发。而且，听她说，为了保持好发质，她使用洗发水和护发乳的时候，“哗”地一下子，要用很多。

麻包吃

麻思冷先生的儿子，草绿小学一年级学生，绰号是“又在吃”。他的兴趣是：养宠物。可是，每次买了宠物，养一段时间，觉得腻了，就毫不留情地抛弃掉。比如小狗、小猫、鬣蜥、缅甸产的蟒蛇、巨蜥、大鹦鹉、沙漠狐狸、鳄鱼等等。传闻说，光是把麻包吃抛弃的动物聚集到一起，就可以开一个动物园了。麻包吃的特长是：去自助餐厅，把食物堆得高高的。他还给这些食物取了一个特别出名的绰号，叫作“麻包吃牌 20 层食物塔”。听说，那家餐厅因为麻思冷一家人的到来，倒闭了。

小毛毛

麻思冷先生家的小儿子，今年两岁。虽然还只是个小孩子，但是他对未来很迷茫。这都是由于疯狂污染地球的家人导致的。虽然他还是个小孩子，可是他为地球的未来非常担忧，以至于，两只眼睛都有了黑眼圈。

麻爱扔

麻思冷先生的大女儿，草绿小学三年级学生，绰号是“新品公主”，兴趣是：收集学习用品。铅笔、自动铅笔、圆珠笔、橡皮、笔记本等等，明明用不着，但她说，只要是漂亮的，一定要买回家。她的特长是：把用过一次的橡皮扔掉。她说，橡皮用过一次以后，就会变黑，她不想再用了。据说，她缠着父母给她买新东西的水平，是世界冠军级别的。她崇拜的人是帕丽斯·希尔顿（美国一个富翁的女儿，传闻说她喜欢购物和奢侈的生活，穿过一次的衣服都会扔掉）。

都贝洛

载着麻思冷家族进行世界之旅的飞船。不需要使用 1 毫升石油或者 1 瓦核能，只靠乘坐的人脚蹬自行车发出的能量飞行，是真正的环保飞船。

里萨库

洛基·库基委员长的秘书，监督麻思冷家族在世界旅行的过程中，完成应该执行的任务。他拥有超能力，可以瞬间移动。是一个不允许自己的任务有一丝一毫差错、冷血无情的乌库达斯人，对于麻思冷家族来说，这很不幸。

洛基·库基

乌库达斯人，地球移民对策委员会第六代委员长。为了监视乌库达斯人，不让他们损害地球环境、教育他们保护环境，他总是忙得不可开交。麻思冷家族被取消了在地球居住的许可，但是为了再给他们一次机会，洛里·库基为麻思冷家族，规划了守护地球环境的世界之旅。

目录

麻思冷家族，请离开地球！

爸爸，
信来了。

这是什么？
紧急情况

老公，是什么啊？
如果是百货店大甩卖的优惠券的话，都是我的。

……

嗯？让我们离开地球呢。

什么话啊！

乌库达斯居住许可-2037号
地球居住许可证
斯星球 第17 区 第3375地区
郎用、女儿麻爱扔、儿子麻包吃
绿市
人作为乌库达斯人在地球上生活。
起保护地球
乌库达斯地球对策
取消
乌库达斯地球对策委员会
第一代委员长酷库里·库里
移民年份（地球年历1947年）
我来看看啊！上面说我们家族的地球居住许可被取消了。

我们做错什么了啊？

肯定是哪里弄错了吧。

没有弄错，你们一家人的地球居住许可，确实被取消了。

委员长！

没人比你们更让人寒心了，居然到现在还不明白自己错在哪里。
现在身上带着《地球使用说明书1》的人，请举手！

……

我跟你们强调过，《地球使用说明书1》要随身携带。
地球使用说明书

《地球使用说明书1》里出现的守则，你们一家人，一个也没遵守。
你们还连续两年被评选为"破坏地球年度人物"！
你们还有什么话可说吗？

虽然你们犯的错非常可恨，但我还是决定，给你们最后一次机会！

最后一次机会？

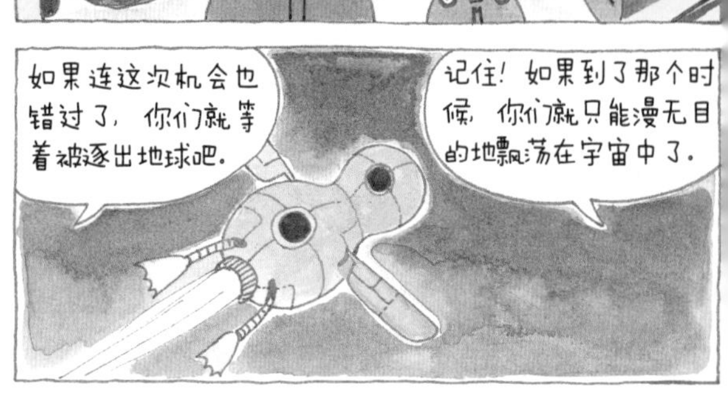
如果连这次机会也错过了，你们就等着被逐出地球吧。
记住！如果到了那个时候，你们就只能漫无目的地飘荡在宇宙中了。

从现在开始，你们要到世界各地旅行，去执行环境保护任务。

呜哇！去世界旅行！

如果任务失败了，会再给你们一次机会。但机会只有两次，出现第三次失败的话，将立即被逐出地球。
每到一个地方，你们必须执行环境任务。成功的话，就可以移动到下一个地方。

这是载你们出去的飞船。
太帅了！
厉害了！

这将会是一次漫长的旅行，请你们收拾好行李。
这是我的秘书里萨库，他会跟你们一起去，负责做你们的向导，同时也为了监视你们。

哈哈！免费世界旅行！
没想到有生之年还能遇到这么幸运的事！
我要到巴黎买名牌包包。
到了意大利，我一定要吃比萨饼。
祝你们好运！

咦？怎么没有座位？

怎么放着自行车？

好了，从现在开始，大家都换上运动服，开始蹬自行车。

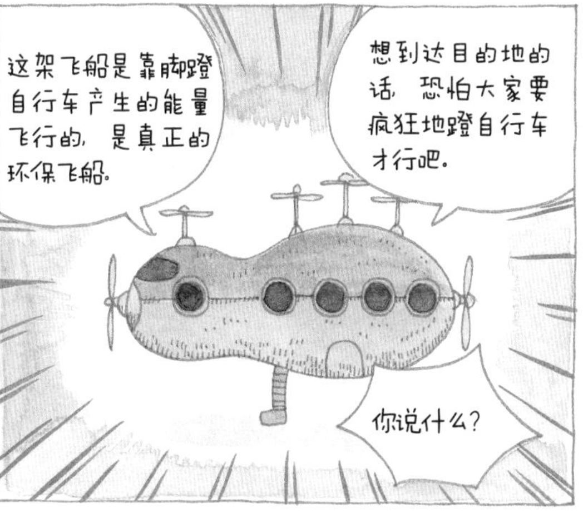
这架飞船是靠脚蹬自行车产生的能量飞行的，是真正的环保飞船。
想到达目的地的话，恐怕大家要疯狂地蹬自行车才行吧。
你说什么？

蹬自行车的途中，一旦停止的话，说不定会在大海上空坠落。
当然，吃饭的时候也得蹬着自行车吃。

刺激有趣的旅行日程表
任务开始
美国
阿拉斯加
德国
弗莱堡
美国
洛杉矶
英国
托特尼斯镇
美国
亚特兰大
德国
汉堡
美国
纽约
特立尼达和
多巴哥
马图拉海滩
墨西哥
米却肯州
圣胡安
伊克斯田可
古巴
哈瓦那
洪都拉斯
香蕉农场
玻利维亚
的的喀喀湖
哥伦比亚
哥巴利亚
危地马拉
安提瓜
危地马拉
尼日利亚
尼日尔
三角洲
德国
柏林
埃及
吉萨
联合国气
候变化框
架公约会
议
麻思冷家族
你们要到地球村的每个角落旅行，并且完成总计 44 个任务。
一共有两次失败机会，超过三次的话，必须立即离开地球。
旅行途中，你们乘坐的是靠自行车动力飞行的飞船。
成功的话，里萨库会运用他的瞬间移动超能力，带你们到下一个目的地。
失败的话，就得靠自行车动力去。

德国
邦生态
区
巴基斯坦
锡亚尔科特
英国
伦敦
孟加拉国
达卡
英国
伦敦
中国
内蒙古
中国
凤港
德国
弗伦斯堡
俄罗斯
堪察加半岛
美国
约塞米蒂
国立公园
图瓦卢
富纳富提
秘鲁
普诺
巴布亚新
几内亚
戈罗卡
俄罗斯
沿海州
菲律宾
马尼拉
肯尼亚
梅鲁
日本
福岛
印度
古吉拉特邦
韩国
泰安半岛
日本
水俣市
韩国
洛东江
德国
伊萨尔河
韩国
草绿小学
丹麦
哥本哈根
任务完成
地球居住许可证
麻思冷
麻都用
麻爱扔
麻包吃

01

冰川

美国
阿拉斯加

什么？阿拉斯加崩裂了？

到崩裂的冰川去救出小北极熊吧！

“救命啊！我们实在蹬不动了，求求你了！”

这一个月里，我们一家人，一刻也没休息，认真蹬自行车，千辛万苦地终于到达了阿拉斯加。到底我们一家人犯了什么错误，要受这么大的苦啊！

“今天的任务是：救出独自掉落到浮冰上的小北极熊。”

还没来得及对里萨库的这句话做出什么反应。我们就必须扛着一只小船，跳进海里，然后，一刻也不停地划向独自待在浮冰上的小北极熊。

快靠近小北极熊掉落的浮冰了。我们赶紧把绳子绑到浮冰上，绳子的另一头绑在小船上。一切就绪以后，我们拖着浮冰向北极熊妈妈划过去。太冷了，不快点划的话，可能会变成雪人。突然，小船旁边出现一个巨大的物体，越来越近，麻包吃吓了一跳，大喊大叫起来。

“啊啊！怪物！向我们游过来啦！”

“不是怪物，是座头鲸。这个动物非常温顺，不用担心。”

虽然里萨库说它很温顺，可是看到它那么大块头，我们怎么敢不抓紧划桨。

“嚓咔咔，咔嚓！”

突然出现了一阵轰鸣声，我们又被吓了一大跳，以为要沉下去了。可是，里萨库瞟了我们一眼，说道：“不要一惊一乍的，这单纯只是冰川崩裂的声音。一直坚持了数千数万年的冰川，像这样轻易地，就能听到崩裂的声音，说明地球正在变暖。你们现在应该明白了吧！你们觉得，这些都是谁导致的？”

我们假装没听到里萨库的质问，装作努力喊口令、划船的样子。划了很长时间，我们才把小北极熊送到了北极熊妈妈身边。看到小北极熊和北极熊妈妈相见的场面，我们既高兴又有点抱歉。小北极熊遭遇这样的事情，毕竟我们也有责任。

第一个任务好不容易成功了，我们可以松一口气了。可是，里萨库一刻也不让我们放松。第二天清晨一大早，我们一家人就必须拖着沉重的身体，爬上阿拉斯加最大的哈丁冰川上的步行道。哼！里萨库一定是恶魔！

“如果巨大的哈丁冰川开始融化，海平面上升就是早晚的事。”

现在的阿拉斯加！

阿拉斯加是最出色的野生动物保护区，可是现在却面临开发危机。美国前总统布什，为了美国能源开发计划，本打算开发这个地区。但是，奥巴马总统上台后，约定不会开发。然而，美国的环境保护组织担心另一个政府上台之后，可能会找出很多理由来开发这个地区。

里萨库总是在旁边说一些刺耳的话。他说，“阿拉斯加的冰川数量并不准确，科学家命名过的有2000多个。其中，只有15个冰川慢慢变大，剩下的冰川全部都在变小。”

从冰川下来的路上，里萨库让我们反复喊“走向未来的北部”这样一个阿拉斯加标语，还让我们在第二天之前，思考一下这个标语的意思。可是，我们太累了，什么也不想思考。只想快点下去吃着汉堡、喝着可乐，好好休息一下。

可是，和我们期待的完全相反，等着我们的，只有糙米饭和生菜包饭。吐！

1. 夏季，空调开高点，和电风扇一起搭配着用；冬季，穿上贴身内衣，把室内温度调低。
2. 铅笔、橡皮等学习用品，要省着用。因为不节约的话，又要多制造出这么多东西来。

据说自行车能拯救北极熊

01

冰川

德国
弗莱堡

任务 找到米兰达教授，找出“走向未来的北部”这个标语的答案

第二天清晨，太阳还没升起，里萨库就把我们叫醒了。

“下个目的地是德国的环境之都——弗莱堡。”

我们一下子睡意全没了。

“德国？怎么可能，从这里去德国？”

麻包吃嘟囔着开始哭起来。

“我去不了！再也不想看到自行车了！”

可是，里萨库面无表情地说道：“都出去吧。”

爸爸吓了一大跳，抱着里萨库的腿，连声求他：“就原谅我们这一次吧，从这里出去的话，我们都会冻死的！”

里萨库更加冷酷地回答道：“如果不听我的话，就当你们任务执行失败了！”

我们只能含着眼泪，下了飞船。下飞船的时候，所有人都狠狠地瞪了麻包吃一眼。可是，这是怎么回事？飞船外面很暖和，路上的人骑着自行车来来往往。我们以为自己在阿拉斯加，但看到这一切之后，都傻眼了。

“你们记住了！以后，你们任务成功的话，我会用瞬间移动超能力带你们到下一个目的地。任务失败的话，就自己蹬自行车到下一个目的地。不过，失败机会只有两次。失败三次的话，就会立刻被逐出地球。”

不管怎么说，用那个叫瞬间移动，还是什么的办法。短短几秒时间，就可以把我们从阿拉斯加送到德国了。本来有这么神奇的办法，居然让我们吃那么多苦！

“关于阿拉斯加标语‘走向未来的北部’的意思，你们想好了吗？”

当然没想好，我们那么累。

“今天的任务是：在弗莱堡这个地方找到米兰达教授，找出这个问题的答案。现在是上午6点。下午6点以前，找到答案，回到飞船上来。”

我们先在弗莱堡站租了自行车，紧接着就开始找米兰达教授。我们从弗莱堡大学开始找起，把整个城市都翻了一遍，可是到最后也没能见到米兰达教授。和里萨库约定的时间也快到了，我们几乎放弃了，骑着自行车回到了飞船附近的公园。

因为一整天都在骑自行车，特别累。而且，任务又没能执行好。所以，一家人都苦着脸。这个时候，一位老奶奶路过，问我们发生了什么事。我们告诉她，我们从阿拉斯加来，必须在这里找到那个地方的标语“走向未来的北部”的答案。

“答案就在你们身边。”老奶奶指着我们每个人手里的自行车说道。

“您说这是答案？这辆自行车吗？”

“是的，是自行车。”

看到我们一脸困惑，老奶奶笑着说道：“阿拉斯加的未来，关键是阻止冰川融化。如果想阻止冰川融化的话，只要减少温室气体就行了。那么，怎么才能减少温室气体呢？我们无意间开的汽车都会排放温室气体。一个人开一辆车排出的温室气体好像不多，但是那么多人，一人开一辆的话，排放量就大得可怕了。如果大家去比较近的地方，都不开车，骑自行车去的话，排放量可以减少很多。弗莱堡这个地方，无论男女老少，都骑自行车。”

“谢谢奶奶！”

弗莱堡的所有市民都是环境专家。其实从一开始，我们就没必要为了找米兰达教授，奔波一整天。里萨库明明知道这些，可是不告诉我们，肯定是想折腾我们。可恶的里萨库！

现在的弗莱堡！

据说在德国，每个小学四年级的学生，都要参加自行车驾驶证考试。不仅要认识所有交通标志牌，还要了解自行车部件。通过笔试之后，还要和警察叔叔一起到路上，进行自行车实际技能考核。这项考核会让考核者骑着自行车，和汽车同时在路上行驶。路考通过之后，就可以拿到自行车驾驶证了。

1. 不要坐小轿车，尽量骑自行车。
2. 洗澡时间减少 1 分钟。
3. 观察一下自己家的家电产品每个月使用多少电量。

02

绿色消费

美国
洛杉矶

一次性用品的天国

一天不用一次性用品！

“呀啊啊！”

一从飞船上下来，我们就尖叫起来。因为这里是洛杉矶，是我们做梦都想来的明星之都。而且，里萨库还给了我们一点钱，让我们今天随便逛逛。这是在做梦呢，还是真实的？这样看来，这次旅行也不都是坏事嘛！

“不过，你们今天绝对不可以用一次性用品。”

“一次性用品，您是指哪些一次性用品啊？”

“今天只要用了一次性纸杯、塑料杯、叉子、勺子、碟子、塑料袋，哪怕是一次，都当作你们任务失败。”

“太容易了嘛！”

我们四处逛了逛，不知不觉间肚子饿了。我们决定去便宜、量又大的比萨饼店吃饭。因为钱不多，点了一人份的比萨饼，让大叔给我们分成一小块一小块的。但是，大叔在干什么？他把切开的一小块比萨饼放在了纸碟子里！

“等一下！”爸爸大吼了一声。店里的其他人都被吓了一跳。

我们赶忙问他，除了一次性碟子，还有没有

其他碟子。可是，大叔冷漠地回答我们说：“没有。”

这样看来，我们喜欢的汉堡王也去不了了。汉堡王里除了一次性用品，没别的。不去这种速食店，想去一般餐厅，可是身边的钱根本不够。

“啊，对了！听说美国到处都是价格便宜又大的××卖场！我们去××卖场随便买点吃吃吧。”

“老公你真是太聪明了！”

“哇！”

到××卖场之后，我们目瞪口呆。卖场特别大，商品很多，堆得像山一样，价格也相当便宜。可是，我们想买的商品居然全都用塑料膜包装着！怎么会这样！我们实在没办法，只好稍微买了点香蕉、樱桃等水果，还有面包，还给小毛毛买了牛奶。结完账，店员准备把我们买的东西装进塑料袋。我愣了一下，马上吃惊地大叫道：“等一下！我们不要塑料袋！”

“这位顾客，我们的塑料袋都是免费的，不要有什么负担。”店员非常亲切地回答道。

现在的美国！

迄今为止，还没听到联邦政府和州政府提出过限制使用一次性用品。我很好奇，在非常强调个人主义的美国文化中，如果联邦政府和州政府宣布限制卖场使用塑料袋的话，××卖场等美国企业和市民会做出什么样的反应。

我们果断拒绝了那个店员的好意。后来，因为太饿了，一家人就蹲在卖场前面吃起了水果。我们就那么蹲着，观察从卖场里出来的人。可是，那么多人当中，没有一个人是提着购物篮的；所有人走出来的时候，都提着数个装满了物品的塑料袋；还有很多人拿着用一次性用品包装的食品。

“在美国，一天不使用一次性用品，是一件很难的事啊。”

我深深地叹了口气。突然，身后出现了一个黑色人影。原来是里萨库。

“提着购物篮过来又不给优惠，用了塑料袋又不用多花钱，所以他们才会这样。这个地方不仅需要一个好的制度，还需要企业和市民的共同努力，才能改变人们的生活。你们说是不是？”

“呼噜呼噜。”

我们一家人太累了，突然打起了瞌睡，里萨库在说什么，谁也没听到。我们发誓绝对不是故意的！哈哈哈！

1. 不要用塑料袋。去买东西的时候，一定记得带上购物篮。

2. 不用纸杯，准备一个自己的“专属杯子”；不要使用一次性木制筷子。

可持续发展小镇——托特尼斯

任务 以物物交换的方式，得到洗发水

听到我突然的一声哀号，家人全都吓了一跳，“忽”地一下子爬了起来。

“麻爱扔，发生什么事了？”

“昨天，洗发水、护发素和香皂用完了，将就着用洗衣皂洗了头发。结果，你们看，我的头发，变成爆炸头了呀，硬邦邦的，呜呜。”

“真的硬邦邦的。姐姐，你把头发剪了，应该可以做成梳子了！”

麻包吃，真讨厌！如果把我的头发剪了做成梳子，我第一个要把你先清理了，然后是里萨库。正好里萨库走过来，我跟他说：“洗发水和香皂都没了。”

“现在这个地方是英国的托特尼斯镇。你们自己想办法在这个地方找到需要的东西。跟之前一样，6 点以前回来就可以了。”

“买洗发水的钱呢？”

“今天的任务是：拿自己的东西去换回需要的东西。不过，失败也没关系。这样的失败不会算在记录里。不过，那样的话，大家以后得忍受没有洗发水的生活。”

这么可恶的话，他说的时候，居然连眼睛都不眨一下！我们纷纷开始翻找自己的旅行包。当时梦想着会有一场激动人心的世界旅行，所以大家都带了很多东西。我们把爸爸的游戏机、妈妈的漂亮衣服、麻包吃的糖果和巧克力、我的漂亮橡皮和笔记本都带了过来。

托特尼斯镇里没有汽车，看起来很悠闲自在。我们碰巧看到了一个市场，就进去看了看。在市场的一个角落里，我们拿出带过来的物品摆好，等待客人走过来。一位大婶看到妈妈的衣服，产生了兴趣，准备付钱，可是拿出来的钱很怪异。

“这不是假钱吗？”听了妈妈的话，那个大婶笑着回答道：“不要担心，这是只在托特尼斯镇里流通的货币。”

“只在托特尼斯镇流通的货币？这是做什么用的？”

“你们是第一次来托特尼斯镇吧？我给你们介绍一下我们这个小镇吧。我的名字叫玛莎·霍普金斯。”

我们一家也做了自我介绍。听了我们的介绍之后，霍普金斯夫人就开始介绍起托特尼斯镇来。

“以前，我们小镇也和其他镇子一样，没什么特别的，也是一个离不开石油的小镇。后来，我们开始好奇：如果我们镇上的石油全部用光了，会发生什么事呢？从那个时候开始，镇上的人就开始聚到一起讨论，开始寻找不依赖其他镇子而活下去的办法。

首先，我们决定：吃自己镇上种植的食物。后来，我们发现了太阳能和风能之类的自然能源。我们不坐车去其

他城市工作，就在我们自己的镇上开店铺或者公司，创造工作；我们还学习了减少能源消耗的方法；为了防止镇上的钱币流通到其他镇子，我们还制造了只能在本镇使用的货币。

你们知道后来发生了什么事吗？离开家乡的年轻人，一个个返回了镇子。然后，这个小镇渐渐变得充满活力。也从大肆挥霍石油的小镇，变成了没有石油也能幸福生活的小镇。也因为这个原因，我们镇子被叫作‘转换城镇’。怎么样？我们小镇是不是很了不起？”

就像霍普金斯夫人说的一样，托特尼斯镇很小、很质朴，可是却似乎

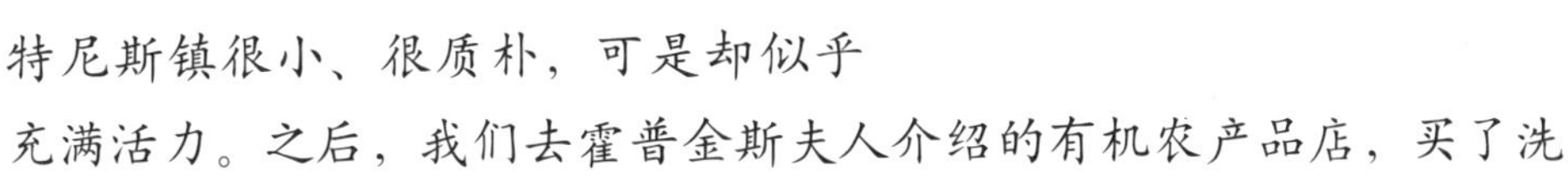

充满活力。之后，我们去霍普金斯夫人介绍的有机农产品店，买了洗发水和香皂。听她说这种用废弃的食用油和有机草本植物做成的洗发水和香皂，对身体好、又不会污染环境。不管怎么说，能买到洗发水就可以了，其他的我不管，不管。

现在的托特尼斯！

转换城镇项目，将大约居住了8000人口的小镇托特尼斯，发展成了一个可持续发展的世界级模范小镇。尤其是为了防备石油枯竭时代的到来，提高小镇自生能力的事业，加速了地区经济的发展和当地居民的生活品质。“属于这个小镇的财富应该留在这个小镇里”，基于这个创意，2007年开始的地区货币运动，引起了当地居民和商店的兴趣，参与率正处于持续攀升状态。

如果你热爱地球的话

1. 收集用过的两面纸，做成笔记本，进行废物利用。
2. 清洗带油渍的器皿时，不要用有化学成分的洗洁精，用面粉或者发酵粉清洗。

03

都市环境

美国
亚特兰大

居然说坐公交车很愚蠢？

从美国的住宅区坐公交车到市中心的餐馆

早上，当我们从睡梦中醒来，看向飞船外面的时候，已经到另一个城市了。一听说今天的任务是利用公共交通去市中心，而且，完成任务会让我们吃汉堡包，就忍不住想起最近一段时间里，只能吃糙米饭和生菜包饭的遭遇，我们直翻白眼。从里萨库那里拿了去市中心的公交车费，我们立刻下了飞船，步伐异常轻盈。里萨库在后面大叫道："下午 6 点之前，我在市里的汉堡王等你们。就算迟到 1 分钟，也算任务失败！"

我们觉得这并不是什么难事。不就是坐公交车去市中心吗？对啊，就是只要坐上公交车的话，一切就简单了…… 可是怎么走也走不到公交车站台啊！我们想找个行人问一下，可是路上没有一个行人，大家都开着汽车，"嗖嗖"地呼啸而过。

正好，有个人在散步。我们走过去问他公交车站台在哪里。那个人说自己从来没有坐过公交车，不过看过公交车标志牌。然后，带我们走到那个公交车站台。我们到那里一看，确实有个很小的站台，可是没有一个人在那里等公交车。

我心想：果然，里萨库怎么可能给我们这么简单的任务呢。

千辛万苦找到的公交车站台，应该就像沙漠里的绿洲一样，叫人高兴吧？我们心情愉快

地等待着公交车，可是怎么等也看不到公交车的踪影。爸爸发火了，把里萨库给我们的公交车费狠狠地甩到地上，我们还没来得及抓住，硬币就“咻”地一下子，滚进下水沟里了。

就在这个时候，一辆公交车开了过来。天啊！为了找公交车站台，在路上来回跑了2个小时。好不容易找到了公交车站台，公交车也来了，居然因为没有公交车费，不能坐车！我们气得直流眼泪。这时，一辆汽车停在我们面前，问我们发生了什么事。

“我们现在要去市中心，可是没有公交车，也没有坐公交车的钱。呜呜。”

“上车吧，不管你们有没有坐公交车的钱，在这里，等公交车就是愚蠢的行为。我带你们去市里吧。”

那个叔叔一个人开了一辆10人座的轿车，所以我们一家人都能坐进去，舒舒服服地到了市里。爸爸问他，为什么美国的公共交通设施这么少。

“大概因为土地太广阔，人口相对比较少，就算完善了公共交通系统，也没什么收益吧。再加上汽车产业成了美国的核心产业之后，在汽车制造企业的游说之下，连原有的公共交通路线也在逐渐消失。”

差3分钟就到6点的时候，叔叔把我们送到了汉堡王门口。麻包吃一

现在的美国！

2010 年奥巴马总统向威斯康星州州长拨了高铁建设款项。但是，据说这位州长试图将这笔款项用于其他地方。所以，奥巴马总统重新收回了这笔款项。在美国，纽约、华盛顿等大都市，公共交通虽然很发达，但从整体来看，仍然非常不完善。

边吃汉堡包一边和里萨库争辩。

“有个叔叔说，在美国坐公交车是愚蠢的行为。”

“设置了公共交通设施的话，那个地方就需要人来工作，那么就产生了工作；市民没必要买车，也能省下钱来；还能减少温室气体的排放。这是对所有人都有益的事，你真觉得是愚蠢的行为吗？让公共交通设施紧缺，才是更加愚蠢的行为吧？”

“我觉得，把公交车费扔到下水沟里的爸爸更加愚蠢。”

麻包吃的回答让我们一家人都浑身僵硬。

“那么，这次任务就是失败啦！我很明确地讲过，你们要利用公共交通来市中心。”

唉——麻包吃这小子，太笨了！

“下一个目的地是德国！你们任务失败了，必须自己努力蹬自行车去了。”

1. 不要坐轿车，多利用公共交通。
2. 必须坐轿车的时候，尽可能和邻居同坐一辆。
3. 去旅行的时候，不要坐轿车，多利用公共交通方式。

不要随处扔空瓶

任务 捡大街上滚来滚去的空瓶，换成公交车费

“哦啊啊啊！”

太累了，我们实在蹬不动脚踏板了。从自行车上滚下来的时候，里萨库说道：“德国汉堡到了。在这里的街上捡空瓶，卖了换钱，然后利用公共交通回飞船。这些就是你们的任务。和以前一样，下午6点之前，必须回来。”

我们一家人撑着一个劲发抖的腿，下了飞船。紧接着，我们瞪大眼睛，开始在街上找空瓶。可是，怎么回事！俗话说“狗屎入药也难找”，那么常见的啤酒瓶，这里却一个也没看到。

“是不是汉堡这个地方根本不用瓶子啊？”妈妈一脸担心地说道。

爸爸生气地在一旁附和：“里萨库这家伙，为了把我们一家人赶出地球，居然用这么狠毒的手段！”

“爸爸、妈妈，快看那边！”麻包吃指着公园叫道。

有一家人正在郊游，餐桌上摆满了各种食物和饮料瓶。

我们紧张地等待着，想在那一家人扔瓶子的时候，快速捡走。那一家

现在的德国！

回收再利用国度——德国，为了落实空瓶回收利用制度，据说经过了反复多次试验。以前，消费者只能将空瓶返还给购买的店铺，所以空瓶不容易回收。为了消除这样的不便，政府修订法律规定，从2006年5月1日开始，不管哪个店，必须接受空瓶回收。多亏这个严厉的空瓶回收政策，回收率持续增长。德国人喜欢喝的啤酒，在20世纪90年代，回收率大概是80%，到2009年，回收率增加到了88.5%。

人发现我们直勾勾地盯着他们看，马上做起了离开的准备。可是，他们把空瓶子全都打包带走了。

“等一下！”爸爸急忙叫住他们。

“为什么不把瓶子扔掉呢？”

那位德国大婶，刚开始好像很惊慌，但马上非常温柔地回答了我们。

“因为非常贵。带盖子的玻璃瓶值 0.15 欧元（相当于韩币 200 元左右），塑料水瓶值 0.25 欧元。瓶子里的水，价格是 0.19 欧元左右，算起来，塑料瓶的价格更贵点。所以，汉堡人绝对不会随便丢弃或者弄坏空瓶子。”

“噢，所以街上才会一个瓶子也看不到啊！”

听到爸爸一个人在一旁自言自语，德国大婶说道：“实际上，虽说瓶子价格高，但一开始并不是所有人都愿意参与到再回收运动中的。把瓶子拿给店主大叔，还要一个一个点算，多麻烦啊。所以，为了这个原因，还开发出了空瓶再回收机器。”

“空瓶再回收机器？”

“是啊。我们现在要去把瓶子兑换掉，你们要一起去看看吗？”

我们一路跟着那家人。那家人

在一家店铺前面的空瓶再回收机器前面停了下来，他们把手里的瓶子塞了进去。立即，那个机器自动识别了瓶子上贴着的条形码，计算出了瓶子的价格。吐出发票之后，他们把那张发票拿到收银台，立刻换到了钱。这个机器，真是一个奇妙的机器。再回收机器的奇妙给我们带来的震惊非常短暂，很快，我们闷闷不乐起来。

汉堡人都这样的话，我们要想捡瓶子换钱就不可能了。看到我们的表情之后，大婶问我们怎么了。我们只能说出了事情的经过。听完我们的话，大婶把自己刚刚用瓶子换到的钱给了我们，还对我们说：“你们只要跟我约定一件事就可以。保证以后绝对不随便乱扔或者弄坏瓶子，要再回收利用。”

我们高兴地大声回答道：“谢谢！我们保证遵守约定。”

1. 把玻璃瓶放到一起，准备再回收。
2. 塑料瓶或铝易拉罐等等，一定要分类收集。

04

濒临灭绝的动物

美国纽约

逐渐从地球上消失的美好事物

找出汉堡包让动植物灭绝的原因

“现在最想吃的食物是什么？”里萨库问我们。

我们一家人毫不犹豫地回答道：“汉堡包！”

“这次旅行开始以前，你们每周吃多少次汉堡包？”

“每天吃！”

“你们知道你们每天吃的汉堡包会让动植物灭绝吗？”

这是什么话啊？他的意思是汉堡包会变成怪物，吃掉动植物吗？

“找出这件事发生的原因就是今天的任务。”

我们真的摸不着头脑了。虽然之前也做过很多次任务，可是没有过这么荒唐的任务啊。不过，我们还是决定先去纽约市中心的一家汉堡包店，问问在那里吃汉堡包的人。

“请问大家，有没有人知道汉堡包会让动植物灭绝这件事？”

吃着汉堡包的人，都一脸茫然地看着我们。估计都在想：这些人疯了。就在这个时候，麻包吃插了一句话：

“有人汉堡包吃不完吗？”

我们非常难为情地拉着麻包吃，匆忙走出了汉堡包店。估计大家都觉得我们是疯了的乞丐了。我们觉得直接问，有点丢人，所以做了手牌。

“您知道汉堡包会让动植物灭绝的原因吗？”

我们举着牌子在纽约市里不停地走来走去，后来，腿实在太疼了，就坐在中央公园长椅上休息。

“这次的任务太荒唐。汉堡包还能变成什么怪物啊？这一定是里萨库想把我们赶出地球，想出来的策略！”

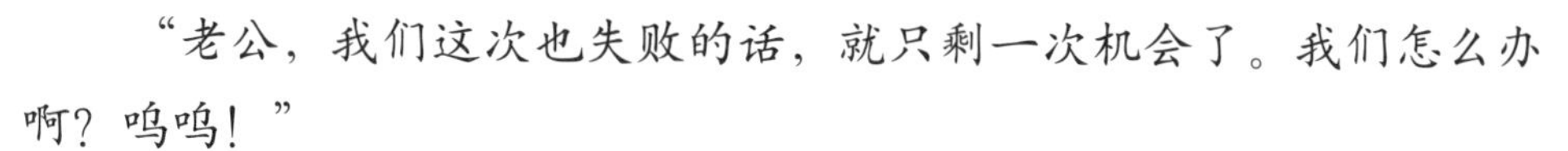

“老公，我们这次也失败的话，就只剩一次机会了。我们怎么办啊？呜呜！”

我们正哭着的时候，一个男人走了过来。

“你们是环境保护运动家吧。我可以加入你们吗？”

我们一头雾水地问他：“您想加入我们做什么？”

“你们不是举着牌子，在呼吁大家少吃汉堡包吗？肉，吃得太多的话，不是会给环境造成不好的影响嘛。”

“那么，叔叔您知道汉堡包让动植物灭绝的原因吗？”

“当然啦。想要吃到夹了牛肉的汉堡包，首先必须养很多牛；想要养牛的话，就需要一个大农场，还需要很多饲料；要想建农场、种植牛吃的玉米等

现在的美国！

美国人约翰·罗宾斯在自己的书《饮食革命》中提到：使用热带雨林地区饲养出的牛身上的肉，每做出一个汉堡包，就会有20多种植物、100种昆虫、10多种鸟类和哺乳类、昆虫类动植物消失。如果印度尼西亚人像美国人一样爱吃汉堡包的话，为了生产汉堡包里的肉类，就要破坏1兆1331亿平方米的热带雨林，而且，这只需要花费三年半的时间。

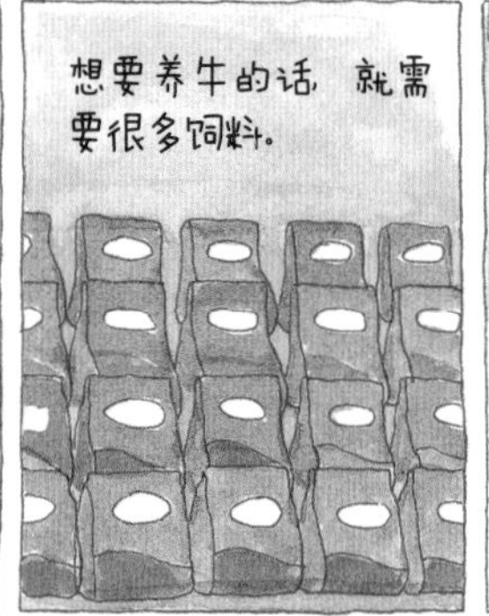

食物的话，就得破坏森林；如果破坏了森林，住在里面的生物就失去了住所。所以，汉堡包当然算是让很多动植物灭绝的原因啊。”

听了叔叔的话，我脑海里浮现了这样一个场景：巨大的汉堡包怪物踩踏在茂密的森林里，胡乱地抓住生活在里面的动物，放到嘴里吃掉。

爸爸装模作样地，好像叔叔讲的事，他都知道似的。

“您知道得很清楚嘛。见到这么关心环境问题的人，我感到非常高兴。我们一起拿着手牌，在市中心转一圈，怎么样？”

“是的，好的！”

1. 减少食用火腿、香肠等肉类的次数，多吃蔬菜。
2. 尽可能避免食用快餐食品。

长寿龟可以尽情玩耍的岛屿

第二天，我们到了热带地区，一个风景美丽的海滩。

“这里是特立尼达和多巴哥的马图拉海滩。今天的任务是保护长寿龟的蛋。”

里萨库一离开，这个镇子的巡逻队长约克，向我们说明了为什么要保护海龟蛋。他说：“长寿龟会在产卵的地方寻找食物，所以爬了4800千米，最后选择在这个海边产卵。”过了一会儿，太阳下山了，四周立即变得黑漆漆的。

“长寿龟马上就会爬上来了，不可以太亮。所以，周围建筑的灯光都调低了亮度。看那边，海龟爬上来了。”

约克小心翼翼地打开了手电筒，我们眼前出现了10多只长寿龟。这些龟看上去，每只都超过1.2米，重量足足超过250公斤。它们挪动着两鳍，在沙滩上挖出1米多深的洞，然后在里面下出一个个大大的、白色的蛋。每只海龟大概下了80个蛋之后，就用沙子盖住蛋，然后再压得实实的，这才缓缓转身，慢吞吞地爬向海里。光是看到长寿龟，就已经很新奇了，还看到它们下蛋的样子，我们惊讶地嘴巴都合不拢了，连连发出惊叹声。约克在一旁说道："实际上，能在这里下出这些蛋，这些蛋再破壳变成小海龟，实现生命的延续，都是很不容易的。自从海龟蛋和海龟是保健食品的传闻出现之后，很多人过来偷蛋，然后拿到市场上买卖。再加上，狗也会弄坏很多蛋。所以，镇上的人要像今天晚上一样，来回巡查。"

"哦，所以才要保护海龟蛋啊。"

"实际上，我以前也曾依赖卖海龟蛋生活。不过，最近开始靠海龟形成的生态观光业来维持生计了。比起卖蛋得到的收入，保护海龟产生的收入要多得多。这样的话，既能挣到钱，又能保护海龟，算是两全其美吧。"

除了我们，旁边还有几位观光客，也在小心翼翼地看着海龟下蛋的场景。"可是，观光客太多的话，海龟不会有压力吗？"

"不用担心，镇上对海龟生态观光制定了三条规则：第一，镇里的居民亲自做导游；第二，海龟下蛋时期，镇上居民尽量关闭灯光；

第三，限定游客数量。”

“约克叔叔，看那边！”

我们顺着麻包吃手指的方向看过去，两条大狗正在挖开沙子。我们立即跑过去赶走它们。爸爸模仿的狗叫声，真是一流的。

“其实，虽然狗和人偷蛋也是个问题，但更大的问题是：海里的塑料袋和网。长寿龟主要以水母为食，所以经常发生长寿龟因为吞了塑料袋窒息而死的事情。”

这一夜，我们为了完成保护海龟蛋的任务，眼睛都熬得红彤彤的。不过，一想到我们拯救了无数的小生命，心里就非常高兴。我们还在想：下一次一定来看看孵化出来的小海龟。

现在的马图拉海滩！

这是一个平静的海滩，每年的 3 月到 8 月期间，长寿龟都会来到这里。镇上人会亲自看护，使得这里形成了一道生态观光风景线。经过镇里人的不断努力，游客能在这里看到长寿龟产卵的全过程。

1. 无论是一片花瓣，还是一只昆虫，都要小心爱护。
2. 保护动植物赖以生存的大自然。

导致死亡的种子——转基因生物

调查转基因生物的危害性

“哇，是汉堡包！汉堡包！还有炸薯条！”

早上一起床，就发现饭桌上摆满了汉堡包、炸薯条、可乐，还有我们喜欢的饼干和点心。但是，我们总感觉里面有什么名堂，所以不敢碰。这时候，里萨库走进来了。

“怎么不吃啊？不是你们最喜欢的食物吗？”

“哼！像上次学到的似的，又要说我们吃了这些食物，会导致动物和植物灭亡了吧？”

“对，但这里面还有一个更棘手的问题。这些食物都是用转基因玉米做成的。现在我们已经到达以玉米为主食的墨西哥。墨西哥因为美国进口的转基因玉米，伤透了脑筋。”

“可是，转基因生物是什么啊？”

“今天的任务是：了解转基因生物的意思和危害性。”

我们下船的地方，是墨西哥圣胡安一个叫作伊克斯田可（译者注：IXTENCO是一个非常小的镇子，没有对应的中文，可译为“伊克斯田可”）的地方。这里正在举办墨西哥本土传统玉米庆祝活动，这是一个反对转基因作物的庆祝活动。在这个庆祝活动上，可以吃到有名的墨西哥传统饮食，有墨西哥薄饼等各式各样、用玉米做成的食物。

在韩国，我也吃过墨西哥薄饼，但直接来到墨西哥吃到的薄饼，真的太好吃了。

我们向一位种玉米的名叫萨尔万多的先生问了转基因生物相关的问题。

“大家常常把转基因生物叫作GMO，其实转基因生物就是基因改造、基因重组的作物。很多人以为，转基因生物是依据孟德尔遗传定律，利用杂种优势，生产出来的类似改良品种的东西。但其实，这两种东西是完全不同的概念。如果说不同血统的玉米混合后，种植出的另一种优良新品种是改良品种的话，转基因生物就是将玉米基因、昆虫或细菌，甚至是动物基因，进行重组、制造出来的新的突变体。”

“那么，为什么要制造这种突变体呢？”

“具有除虫成分的突变体玉米，可以防止特定害虫的侵害。所以，出口转基因种子的大型跨国企业声称这类产品不需要农

现在的墨西哥！

墨西哥是一个生物资源非常丰富的国家，甚至被归类为世界五大生物多样性保有国之一。但是，由于生物资源的保护和管理不善，该国也曾非常耻辱地获得了破坏环境国度第 2 名。自 1994 年，美国、加拿大、墨西哥三国签订了北美自由贸易协议（NAFTA）之后，随着美国和加拿大农产品引进数量的激增，墨西哥农业逐渐萎缩。不过最近，由于国际粮食价格上涨，粮食供需情况不稳定，墨西哥国内农产物生产的重要性日益加大，本国价值较高的自有谷物生产品牌在大幅度扩张中。

药。但是，这种食物对人体是否安全，还没有被证实。”

“转基因生物还有什么其他问题吗？”

“转基因作物正在污染我们本土作物。很多墨西哥本土玉米，都被转基因污染了。再加上，大型跨国企业拥有粮食支配权。所以，我们举办这种本土玉米庆祝活动，也是为了宣传转基因生物的危害性，可以说是一种守护本土玉米的活动。”

“其实，要是国家不进口这种转基因玉米，问题不就解决了吗？”

“实际上，墨西哥还没有禁止转基因作物进口的法律依据。”

“那要怎么做，才能不受这该死的作物影响，保护好自己呢？”

“去超市买东西，一定要挑选印有‘NON—GMO’标识的产品。另外，汉堡包、可乐、饼干之类的食品，基本上可以说，都是用转基因玉米做成的，所以尽可能不要吃，才是对身体有益的。”

我们一边记录萨尔瓦多先生的话，一边计算了下一家人过去吃过多少汉堡包、可乐和饼干。当然，因为数量太多，根本无法计算。有句古话叫作“智者多虑”，看来以后得改成“愚者得病”了。我们一家人如果以前就知道转基因生物的话，肯定不会吃那么多。以后一定远离一切没有“NON—GMO”标识的食品，坚决远离！

1. 避免食用含转基因农产品的食物。
2. 避免食用添加了人工香精、人工色素，以及加入化学调料的速食产品。

不使用农药，国民的身体变强壮了

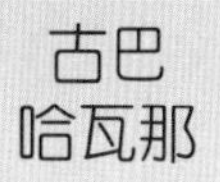

05

环境荷尔蒙

古巴
哈瓦那

任务 用在有机农场拔杂草挣来的钱，补充食物

“哔哔哔哔，哔哔哔哔，哔哔哔哔”

今天和往常一样，早上6点，闹钟准时响了起来。虽然很累，但如果在6点20分以前，不能收拾好东西，坐到饭桌前的话，就没东西吃了。所以，我们像闪电一样行动了起来。

一大早，我们好不容易准时坐到了餐桌前。可是，我们面前却只有一块烤面包片和一杯水。面对干巴巴的早餐，爸爸大发雷霆，但里萨库依然面不改色。还说自己每天都计划好菜单，准备好食物储备到飞船上的，但现在仓库里的食物都不见了。犯人，不用问，一定是麻包吃。尽管麻包吃拼命说不是自己做的，但我们一家人都不相信他的话。

“今天的任务是：用在哈瓦那有机农场工作挣到的钱，补充食物。”

我们闷声不响地，用那块烤面包片填了肚子之后，下了飞船。反正，

麻包吃那家伙真帮不上什么忙。

我们到了哈瓦那郊外，一个叫作阿拉马拉的有机农场。听说这个农场是靠政府支援的土地和补贴创建起来的，是古巴城市有机农业的大本营。在这里工作的伊利亚女士，热情地迎接了我们，并且给我们分配了一天的工作。

"今天你们的工作是：拔掉西红柿、卷心菜等蔬菜田里的杂草。"

在炎炎烈日下，拔草可不是一件容易的事。麻包吃因为拔掉了蔬菜，而不是杂草，还挨了批评。这个时候，妈妈问伊利亚女士："为什么要这么辛苦地拔草呢？喷农药不是更方便吗？"

"我们古巴是共产主义国家，过去不和美国往来，只和苏联有外交关系。自从 1990 年苏联解体后，物资供应就断了。这里面，最有冲击性的是杀虫剂、肥料、石油供应链的断裂。不过，就是这次困境，倒成了古巴有机农业发展的机会。而且，肥料和杀虫剂的消失，反而让国民的身体变得更加强壮、让土地变得更加肥沃了。"

听说，这个农场是由 160 名有机农合作社成员共同运营。大家都是一起工作；而且工作时间里，还提供加餐和早午餐；工作时长也是规定好的；农场生产的食品会配送到附近的学校和政府机关单位；每天固定的时间段里开放的市场，是农民们的收入来源。更让人吃惊的是：农民的工资居然比医生的还要多！

正好到了加餐时间，我们得知伊利亚女士的丈夫是医生，所以向她证实我们听到的内容。

现在的古巴！

美国和古巴因为政治立场不同，所以没有外交关系。不过，美国的市民团体和古巴的有机农合作社有很多共同活动。位于加利福尼亚的 GLOBAL EXCHANG 和 FOOD FIRST 的团体，主要起到向美国宣传古巴农业的作用。

“是的，我的工资比我丈夫多。”

“哇，爸爸也在这里当农民就好了！”

可是，爸爸一点也不反驳，仰望着天空，静静地吃着玉米。

加餐时间结束了。我们继续努力拔草，一直拔到了下午四点。因为太累，我们开始一个劲地发牢骚。终于，伊利亚女士宣布工作结束，叫我们一起去农场里的市场。农场里培育的蔬菜和水果，会直接拿到菜市场买卖，看上去都非常新鲜。伊利亚女士按照约定，根据我们一家人一天的工作量，给我们打包了充足的蔬菜和水果。

“谢谢！我们会一个不剩地全吃光。”

麻包吃大声说完后，伊利亚女士给了我们一个如花般灿烂的微笑。回到飞船之后，我们用这些收到的蔬菜当晚餐，真的太好吃了。

1. 尽可能食用自己种植的或者现居地生产的食品。
2. 尽可能不吃进口食品，改吃居住地附近的食品。
3. 用蚯蚓处理食物垃圾。50 千克左右的食物垃圾，蚯蚓四天就能吃光。

06

绿色政治

洪都拉斯
香蕉农场

香蕉共和国是可以便宜卖的国家？

里萨库一说抵达目的地了，我们就往窗外望去。外面一望无际、都是绿色热带植物。靠近一看，原来是香蕉树。

“今天，你们要在这个农场工作到下午 5 点。你们今天得到的日薪也将全部捐给洪都拉斯的环境保护运动团体‘地球的朋友——洪都拉斯’。”

里萨库一说完，就给我们每个人发了一个防毒面具。

“今天，我来照顾小毛毛，你们放心去吧。”

我们一头雾水，放下小毛毛，拿着防毒面具，跟着农场的工作人员，走进了香蕉农场。因为昨天在古巴农场干过农活，有了点经验，我们一进去，直接拔起杂草来。可是，其中一个工作人员对我们说，没必要做这些，让我们把大油桶里的液体全都喷掉。

“这是除草剂。把这些除草剂一滴不剩，全部喷掉，就是你们今天的工作。”

难闻、浓烈的味道非常刺鼻，我们只能戴上防毒面具。可是，偏偏今天天气很热。

“简直就是桑拿房。”

和我们不同，这里人在工作时，

不戴口罩，也不戴手套。除草剂喷了一半，爸爸突然对妈妈说道：“老婆，我以后不吃进口水果榨的果汁了！”

“知道了，我怎么知道会是这样啊！”

戴着防毒面具工作了十个小时，我们几乎快闷死了。可是，你们知道更让我们吃惊的是什么吗？那就是：我们的日薪居然非常微薄。和我们一起工作的少年巴勃罗说，他们一家人都靠着这份工作生活。这像话吗？看到我们愤愤不平的样子，环境保护主义者胡安博士说道：“不能理解吧？洪都拉斯以香蕉、香烟、矿产闻名天下。可是，这个种植园（大型农场）的股东都是外国人，这个农场产生的收益全都流向了军事政府或国外。在这里工作的国民，获得的钱非常少，所以只能贫困度日。

而实际上，贫困还不是最大的问题，由于环境污染导致的居民健康问题，才是更大的问题。农场使用的农药和除草剂，以及矿产开发导致的土地和上下水道污染，使得居民产生各种疾病。”

妈妈气愤地说道：“到底洪都拉斯政府为这些饱受痛苦的居民，做了什么事啊？”

“现在洪都拉斯的政治状况不像其他国家，正处于比较不稳定的状态。因为不稳定的政治，引起了国家资源外流、经济不稳定、环境破坏等问题，还危害

现在的洪都拉斯！

洪都拉斯记者的生命正受到来自政府的威胁。2011年12月，一名曾经报道了政府毒品腐败问题的记者遭到杀害。2012年3月11日，另一名记者也因为类似原因，失去了生命。两年时间里，就有总计19名记者，因为政府原因，遭到杀害。由于持续不断发生记者被害事件，一个叫“无国境记者团”的组织，向洪都拉斯政府提请，立即就19名记者遇害事件，进行真相调查，并即刻中断“杀死记者”事件。可以确定的是：不稳定的政治最终会威胁市民的生命。希望洪都拉斯尽快恢复成一个政治稳定的国家。

了地区居民的健康。就这样，这个国家持续处于恶性循环中。”

“那么，我们只能期望出现一个能同时考虑到民主主义和环境问题的总统了。”

我的话音刚落，胡安博士就摸着我的头说道：“对啊！坚持举办环境保护运动，以此提高市民意识的话，我相信总有一天，会有一位环保总统当选的。”

这个时候，妈妈拿出我们得到的日薪，递给胡安博士，并说道：“我也相信那一天一定会到来。虽然这里面的钱很少，但为了洪都拉斯的未来，我想捐出来。请收下！”

“谢谢。我们会努力让洪都拉斯变成‘有价值的国家’，而不是‘可以便宜卖的国家’。”

胡安博士对我们说着，两眼闪着泪光。妈妈感动得眼里含满了泪水。

1. 向因为环境问题而痛苦、贫困的国家捐赠。
2. 向 1992 年在地球首脑会议上发表演说的 12 岁小朋友珊文铃木学习，时刻关心环境问题。

玻利维亚总统是环境保护主义者

帮助马里奥竞选环保学生会会长

“叮咚！”

“啊，智敏给我发短信啦！”

完成任务回来后，我发现同班同学智敏发来了短信。可是，怎么会这样！看到我铁青着脸大喊大叫，妈妈紧张地问道：“麻爱扔，发生什么事了？”

“智敏说，因为我不在，班里重新选了班长。为了当上班长，我给班里同学买了那么多汉堡包和橡皮擦，太委屈了，呜呜。”

“马上都要被赶出地球了，当个班长能有什么用啊，快睡觉去！”

爸爸大声训斥了我。我哭着哭着也睡着了。第二天早上，起床一看，我本来很漂亮的眼睛肿得红彤彤的，外面的世界也只能看到一半了。唉！里萨库也只能看到一半了。他带着我们到了一所学校。

“今天的任务是：帮助玻利维亚的小学生马里奥竞选环保学生会会长。”

马里奥是一个有着又长又黑的睫毛、长得很帅气的男学生。以后的任务都是这样的话，该有多好啊！听说这个马里奥是阿伊马拉族原住民。马里奥为了竞选学生会会长，正在寻找不使用自然能源，能更有效生活的方法。我很好奇马里奥是怎么想到这些的。

“我最崇拜的人是我们国家总统埃

沃·莫拉莱斯。他和我一样，都是阿伊马拉族。在玻利维亚，原住民成为总统的，他是第一位。但是，更让我崇拜的是，他比世界上任何一个国家总统更加积极地保护环境。”

“是吗？他是怎么做的？”

其实，我对这个问题并不怎么好奇。可是，我想和马里奥多说一会儿话，所以才多问了一句。

“他让天然气、石油等国民必需的物资企业变成国家所有；把石油和天然气开发中获得的收益，重新分配给原住民。之前，我们这样的原住民，在财富再分配过程中，是被冷落的群体。”

“原来是这样啊。真羡慕你们，有这样的总统。”

“不过，他曾经也令我们失望过：2011 年，他曾经想修建一条 300 千米的高速公路，可是这条公路要通过亚马孙丛林中的‘伊斯博洛自然保护区’，这件事引起了 1000 名原住民的抗议。因为原住民的抗议活动越来越猛烈，总统最终宣布中断修建高速公路。我觉得这个决定非常明智。”

他已经长得这么好看了，怎么还能这么聪明啊！为了帮助马里奥竞选环保学生会会长，我们按照他的思路，纷纷说出了自己的点子。首先，马里奥的竞选承诺是：在学校种植蔬菜，用来供应伙食；用废弃的食物垃圾喂养鸡、兔子、猪；收集用过的两面纸，做成笔记本；

现在的玻利维亚！

埃沃·莫拉莱斯总统，2009 年，在科恰班巴，与全世界非政府机构、工会、农民、女性、原住民、青少年等，共同举办了“全世界气候变化市民会议”。在全世界都经受着气候异变危机的时候，他联合的不是富国政府代表团，而是举办了“受害人参与的会议”，联合市民的力量，呼吁他们一起阻止气候变化。他想通过这次会议，像国际社会表明，经受着气候变化危机的 20 亿地球市民，想要防止气候变化的心是多么迫切。

每周在学校里开一次跳蚤市场，互相交换用不到的物品。

我们并没有把马里奥的竞选承诺写在纸上，而是用电子邮件的方式发给了大家。那些没有电子邮件的孩子，我们都挨个去拜访。或者当面对他们说明我们的承诺；或者把竞选承诺印刷在使用过的两面纸上，分给他们。看着这么努力准备竞选的马里奥，我觉得他完全可以成为未来的环保总统。我想象了一下自己成为总统第一夫人的样子，不禁笑了起来。

“姐姐，做什么呢！里萨库说时间差不多了，要我们快点回去！”

“再见，马里奥！下次一定要再见啊！呜！”

哪怕是为了成为玻利维亚未来的第一夫人，我也一定要完成这次任务，留在地球上！加油！加油！加油吧！

1. 将以纸质形式送到家里的缴费单，换成电子邮件形式。
2. 组织朋友，开跳蚤市场。像送礼物一样，互相交换不用的东西。

07 石油是大地的血液

原住民

哥伦比亚
哥巴利亚

找出瓦优族认为"石油是大地的血液"的原因

"嗯，这是什么东西的香味？"

我们一家人从睡梦中醒来，走到饭桌前的时候，发现里萨库正在喝着咖啡。

"这里是以咖啡闻名天下的哥伦比亚。除了咖啡，石油、煤炭、祖母绿也很有名，不过，因为石油开发，这个国家的政府和原住民的矛盾也很严重。今天的任务是：去见瓦优族原住民，了解他们为什么把石油称为大地的血液。"

从飞船上下来之后，我们就去拜访了瓦优族。刚开始担心他们会不会长得很可怕，但是发现他们其实和韩国人长得差不多，所以有了亲切感。爸爸叫住了一个路过的小孩。

"孩子啊，你有没有听过'石油是大地的血液'这句话啊？"

"听过，你们去问拜拉图叔叔吧。要不要我带你们去拜拉图叔叔家？"

"好的，那最好了，我们快过去吧！"

拜拉图先生非常热情地迎接了我们。据说他因为开展了抗议在瓦优族土地上开发石油的运动，曾经获得过戈德曼环境奖。麻包吃问道：“叔叔，‘石油是大地的血液’是什么意思啊？”

“对我们来说，大地是母亲，也是鲜活的生命。就像人类的身体里，血液通过动脉和静脉流淌一样。在大地里，石油也像血液一样流淌着。如果没有了血液，人类会死亡。同样，我们相信大地的血液被开发出来的话，大地就会荒芜，土地也会死亡。

石油被开发之后，紧接着被污染、变荒芜的土地，实际上也证实了这件事。对我们来说，比起石油开发带来经济上的富裕，流淌着富有生命力的石油的大地本身，更宝贵。”

“等，等……等一下，我还没记完，可以再说一遍吗？”

爸爸显得非常焦急，拜拉图叔叔笑着说道：“把我的话记下来没有任何用。大地的生命力，应该用心去感受。你们跟我来。”

我们跟着叔叔从后门走了出去，到处都是郁郁葱葱的树林。我们照着拜拉图叔叔说的，放松自己，呆呆地站在树林间，静静地听着自然的声音。大自然其实并没有向我们述说过什么，但是，我们有一种非常神奇的感觉，这段时间因为执行任务积累的压力全部都消失了。

现在的哥伦比亚！

曾经在瓦优族所在的土地上，开发石油的跨国企业离开了。但是，哥伦比亚的国营石油公司却来到这个地方，接着开发。反对国有企业涉足的反政府游击队和想要守护企业的军队不断发生冲突。在这种状况下，瓦优族选择用媒体宣传、法律斗争的和平方式，守护森林。

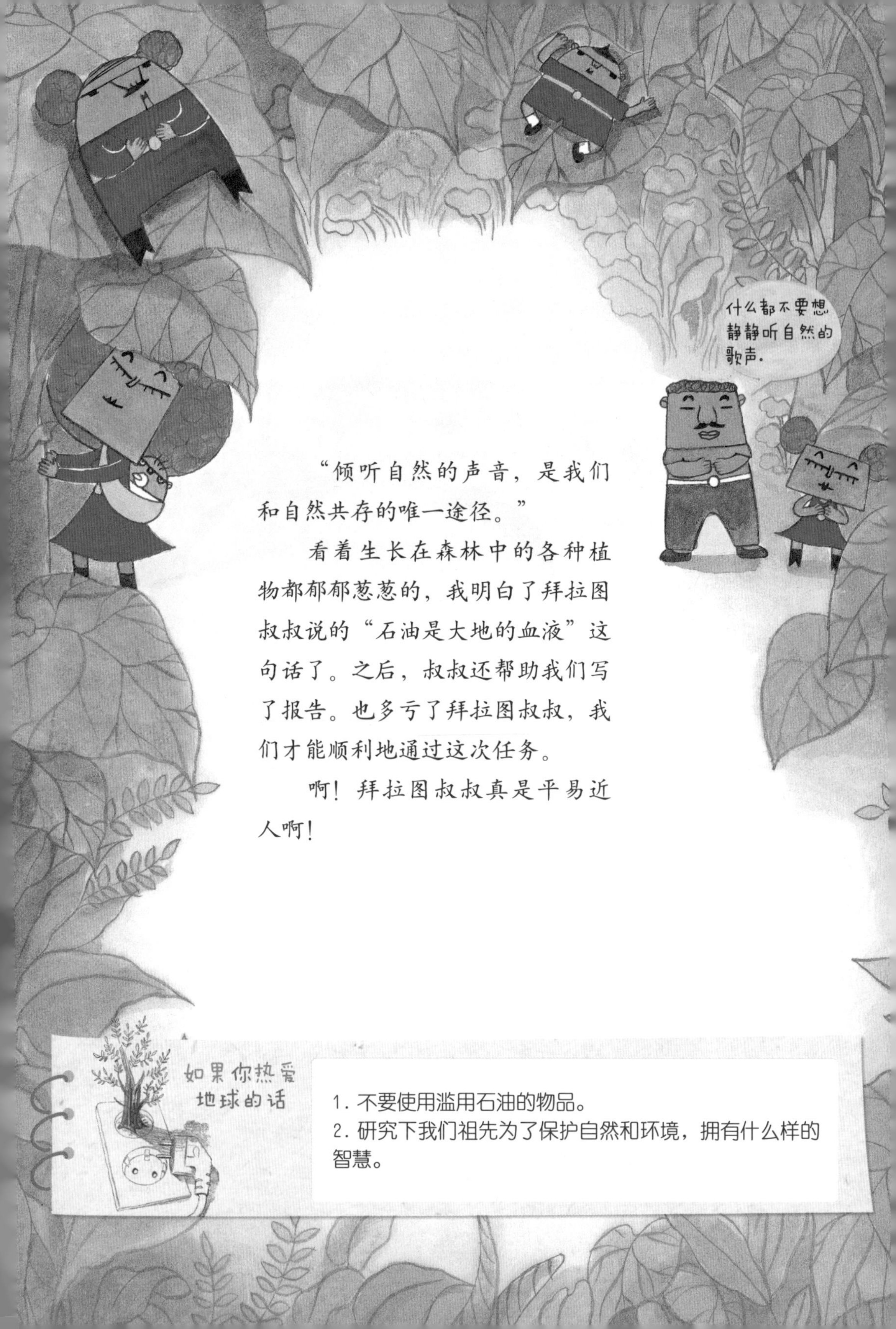

“倾听自然的声音，是我们和自然共存的唯一途径。”

看着生长在森林中的各种植物都郁郁葱葱的，我明白了拜拉图叔叔说的“石油是大地的血液”这句话了。之后，叔叔还帮助我们写了报告。也多亏了拜拉图叔叔，我们才能顺利地通过这次任务。

啊！拜拉图叔叔真是平易近人啊！

如果你热爱地球的话

1. 不要使用滥用石油的物品。
2. 研究下我们祖先为了保护自然和环境，拥有什么样的智慧。

没钱也不能失去笑容的玛雅国

按照玛雅原住民的传统生活方式，度过一天

“今天的任务是：按照危地马拉玛雅原住民的传统生活方式，度过一天。你们要帮助玛雅原住民阿尔巴拉图先生做家务活。从现在开始计时，24小时以后，我会来接你们。如果你们给阿尔巴拉图先生帮了倒忙的话，就算你们任务失败。”

我们下了飞船一看，无论是山间低洼处的城市面貌，还是山拐角处的村子、群居的村落面貌，都太像韩国的农村了。路边有很多玛雅人，他们穿着花花绿绿的传统服饰，正在卖着东西。阿尔巴拉图先生也是他们中的一员。他想把自己制作的玛雅传统木偶卖给游客。阿尔巴拉图先生高兴地迎接了我们，并邀请我们到他家，把我们介绍给了他的家人。

阿尔巴拉图先生的夫人生病去世了，只留下了四个孩子。老大马丽娅和我同岁，老二呼安和麻包吃同龄，老三五岁，最小的孩子还只是个不到两岁的小宝宝。我们决定在阿尔巴拉图先生工作期间，帮助他分担家务活。可是，我们不知道该帮他做什么，所以就问了家里的孩子们。老二呼安叫我们跟他一起去砍树。

“砍树，为什么？要做圣诞树吗？”

“这里的电力和天然气很紧缺，所以一切能源都要靠自己从山上取回来。烧柴火，可以取暖、可以做饭、可以烧热水。”

爸爸和麻包吃跟着呼安出去之后，马丽娅对我说道：“麻爱扔，要不要跟我去洗衣服？”

“洗衣服？脏衣服不是用洗衣机洗的吗？”

“这里的电力不够用，也没有洗衣机的。所有的脏衣服都必须自己手洗。”

我跟着马丽娅来到小溪边洗衣服的时候，小溪边已经聚集了很多女孩子，她们正在洗着脏衣服。我第一次手洗衣服，特别累。不过，和其他朋友们一边嬉戏打闹，一边洗，竟然不觉得那么累了，反而觉得很有趣。妈妈为我们准备了饭菜。也许是干了很累的活，饭吃起来格外得香。

一到晚上，屋子里就黑漆漆的。因为电力不足，他们说要点蜡烛。可是蜡烛点燃了之后，也只能看到很小范围内的东西。也许是屋里太暗了，我们都打着哈欠，特别想睡觉。可是，就在这种条件下，马丽娅还在看书，练习写字。

第二天早晨，阿尔巴拉图先生说要带我们去市中心逛逛，我们一起出了门。危地马拉的鸡笼车很有名，坐着这种巴士，就可以到各个地方参观了。

我觉得虽然玛雅原住民们的生活很不方便，但是人真的很热情，玛雅的文化真的很美好。但是，有一点很奇怪，住在这个地方的白人和原住民的生活条件完全不同，他们住在电力充足、又大又宽敞的房子里，有洗衣机、电视机之类的家用电器，

过得非常好。我觉得这非常不公平。

我们以前曾经去过和这里只有一条国境之隔的萨尔瓦多，两个国家的氛围完全不同。危地马拉的玛雅人穿着花花绿绿的传统服饰，氛围欢快而热烈。而萨尔瓦多，由于曾经所有玛雅原住民都被杀害，原住民的文化没能保留下来，感觉非常凄凉。这时候，爸爸说道：“我们乌库达斯曾经也是一个非常美丽的星球……”

对！就像爸爸说的一样，乌库达斯曾经也是一个非常美丽的行星，可是现在再也回不去了。就在这个时候，我们后面传来了一个人的声音。

“那都是谁造成的啊？”

是里萨库。我说呢，难得一次怀念故乡，气氛全被打破了。

“你们记住，地球也可能会变成你们永远回不来的地方。”

嘎！残忍的里萨库！讨厌他！

现在的危地马拉！

危地马拉政府向全世界人发出邀请，将2012年5月16日（按照玛雅历法是2012年12月21日）定为“人类与玛雅文明同进退的崭新黎明”。据玛雅原住民的传统历法和知识记载，每隔400年地球就会有一个新轮回，这一天是人类文明生命力重新构成，大地打开的日子。之后，危地马拉政府宣布于2014年12月，在首都危地马拉城举办“世界原住民会议”。

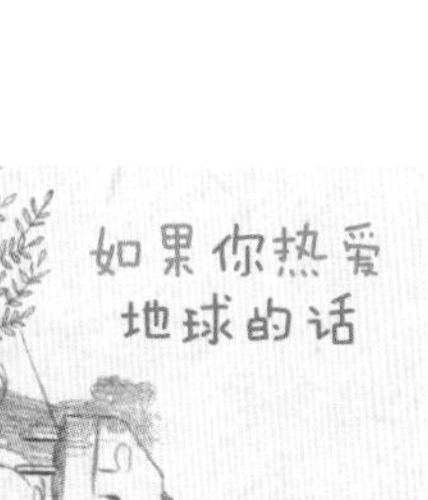

1. 少在外面吃饭，多在家里做饭吃。
2. 吃当季水果和蔬菜。

08

石油开发

尼日利亚
尼日尔三角洲

由于石油开发，给孩子们带来伤害的土地

任务

参与奥戈尼族村落的石油开发抗议活动

因为飞船里弥漫着一股呛人的气味，我们不得不比平时早起床。我们一边心想着发生了什么事，一边向外看去。到处都是火柱，还一直向外冒着烟。麻包吃受到了惊吓，在旁边一惊一乍的。这时候，里萨库出现了。我们赶忙问他发生了什么事，他回答说："那是烧煤用的火柱。这里是尼日利亚尼日尔三角洲的奥戈尼族村。因为石油开发导致的环境污染，这个地方正处于痛苦不堪的状态。今天的任务是：在当地取材，然后把这里的实际情况上传到乌库达斯人最常看的门户网站'乌库达斯人物'。"

一从飞船下来，难闻的石油气味就扑鼻而来。输油管就铺设在村里人的家门口，到处都是石油开发造成的低坑。孩子们就在这种地方，爬到输油管上，光着脚玩耍。我们又拍照、又摄像的，奥戈尼族村的村民们纷纷跑出来问我们发生了什么事。我们说出了自己来这里的理由，村里人向我们讲述了奥戈尼族的故事。

"20世纪50年代开始，外国企业纷纷涌进来，说

要帮我们开发石油。那些石油公司向我们居民承诺，说帮我们修路、建学校，让我们变成有钱人。所以，得到了居民们的热烈欢迎。

可是，60 年过去了，现在的居民们却在抗议石油开发。这都是因为石油开发造成了环境污染，而环境污染造成了巨大的损失。

外国企业挖出石油之后，沉淀物没处理就直接扔掉，这给奥戈尼族土地和水资源造成了污染。燃烧煤气产生的有害物质会使人们产生呼吸障碍，特别是呼吸器官薄弱的小孩子们，病得很严重。除此以外，因为饮用水不足，居民们的主食——鱼类也全都死去了。”

“说让你们变成有钱人的承诺，兑现了吗？”

现在的尼日利亚！

2011 年 11 月，尼日尔三角洲地区发生石油泄漏，造成了巨大的环境灾难。因为这一事件，生活在三角洲区域的动物，在挣扎中死亡；水质也变得差得不能再差。造成石油泄漏的企业发布说：“泄漏量不到 4 万桶。”而尼日利亚的石油泄漏调查委员会官方发表称：“泄漏的石油是 4 万桶的 3 倍，达到了 12 万桶。”原住民们为了能尽快恢复到过去的和平生活，还举行了游行活动。

“因为石油开发，国家倒是变成了富有的国家，但是我们居民，仍然处境艰难。我们部族，比起石油开发之前，过得更艰苦了。而且，也不清楚铺设在我们家门口的这些输油管什么时候会破裂。”

回到飞船之后，不知为什么，我们内心非常沉重。因为我们穿的、吃的、出行用的所有东西，都离不开石油。在这次旅行之前，我们并不知道为了开发这些我们平时大手大脚浪费的石油，给这么多人带来了巨大的痛苦。

就像麻包吃说的一样，奥戈尼村是居民和石油公司的战场。我们把拍的照片和奥戈尼族的采访视频上传到了“乌库达斯人物”上。真的有很多乌库达斯人开始关注这一场没有硝烟的战争，都希望可以找到帮助奥戈尼族的办法。爸爸也承诺这次任务旅行成功结束，回到家之后，要将7人座大车换成小车。

1. 避免不必要的电力浪费。电器不用的时候，要拔掉插头。
2. 没必要包装的时候，不要包装；不要买过度包装的产品。

任务 帮助穆勒夫人修理会漏能源的房子

在里面洗澡的爸爸尖叫着说："水太凉了。"今天是我们一家人一个月一次，洗澡的日子。热水也是通过蹬自行车产生的能量烧出来的，所以有一个人洗澡的话，其他家人都必须奋力蹬自行车。爸爸洗完澡的时候，其他家人都累到几乎要昏迷了。我们流了太多汗，感觉用剩下的一点热水，再掺点凉水，洗个澡也没问题。

洗完澡，正在弄干头发的时候，讨厌的里萨库冷冷地说道："现在，你们应该深切体会到自己以前在洗澡水上，浪费了多少能源吧。全世界的人，每天只要减少 5 分钟的洗澡时间，就能减少大量温室气体。"

"是的，爸爸的洗澡时间必须缩短，我们一家人才能活下去。"

因为太累了，我说话的时候，声音小得跟蚂蚁一样。

"日常生活中，还有一个能减少温室气体的办法，就是修理房子。修理好能源消耗较大的房子，也能减少大量温室气体。德国的柏林这个城市，非常清楚这一点，并且正在投入实践中。

住在柏林的穆勒夫人给我们寄来了信。这封信里说，夫人想把房子修理一下，但是她的丈夫反对她的想法，所以想得到我们的帮助。因此，你们的任务是：说服穆勒先生同意修理房子。"

虽然才 11 月份，但从飞船上一下来，我们就感觉到柏林还是相

当冷的。我们赶紧去了穆勒夫人家。可是，屋子里也凉飕飕的。穆勒夫人给我们泡了可可，然后对我们说道："柏林位于北纬52度，冬天又长又冷，所以我们经常开暖气。但是，暖气开得越多，温室气体排放就越多，而且也很贵。最近，人们为了节约能源，都开始修理房屋了。但是，我们家里的吝啬鬼，我的丈夫，他反对修理房屋。"

这时，穆勒先生回来了，问我们是什么人。我们把前因后果说明了一下。妈妈问穆勒先生："您为什么反对修理房子呢？"

"我没有一分钱可以浪费在修房子这种没用的事情上。就这样也过得挺好的，修房子就是浪费。"

妈妈拿出计算器，说道："现在你们家这个老旧的木头窗户，假设它一个月漏掉的能源是20欧元（3万韩元左右，1元人民币约合177.5韩元）。如果修好了的话，两年就能节约480欧元的能源，除去窗户和玻璃钱，您还省了一些钱呢。更不用说您的家里还能变暖和。把那个陈旧的石油锅炉换成太阳能取暖器或换成使用木质压缩成型燃料的生物质锅炉，又不会产生温室气体，又能节省大量暖气费。有这么多的好处，您还是不愿意修理的话，那么您就真是吝啬鬼了啊。"

"哼！要这么修，还不如干脆新盖一个房子，还能少花点钱。"

现在的柏林！

在环境保护原本就很发达的国家——德国，柏林是以温室气体排放量少而闻名的城市。在四处传来的轰隆轰隆声中，房子也重新修理了，取暖器也换成太阳能取暖器或者生物质锅炉了。比起1990年，柏林的温室气体排放量减少了30%。

穆勒先生反驳了妈妈的话。

“绝对不是这样。推倒旧房子的话，里面使用过的混凝土就只能扔掉了。新盖房子需要用到新混凝土，而混凝土是气候变化的主犯，制造新混凝土需要花费大量能源。”

“既然你们说修房子反而能省钱，那我们就修吧！”

穆勒夫人和我们一家人高兴地手拉手又蹦又跳的。穆勒夫人说，等房子修理好了以后，一定邀请我们一家人来做客。

我们没办法答应她一定赴约。因为我们在这次旅行中任务失败的话，就必须离开地球了。不过，我们一定会努力，争取成功以后，再来穆勒夫妇家里，尝一尝穆勒夫人亲手做的手工香肠。加油！加油！

1. 了解一下冬季供暖的时候，使用的是什么能源。这种能源是怎么通向各家各户的?
2. 想要净化空气的话，不要使用空气净化器，用木炭或者香草花盆。

失去面孔的狮身人面像

守护未来的狮身人面像

“哔哔哔哔，哔哔哔哔，哔哔哔哔”

和平时一样，闹钟一响，我们就醒了。可是，今天总感觉少了点什么。啊，居然没有飞船，只有我们一家人躺在空荡荡的沙地上。

“呜啊啊！里萨库好像把我们扔到沙漠里了！”

我们“骨碌”一下子爬起来，开始四处张望。远处有一座长得很像金字塔的建筑物，还有一群人骑着自行车从我们身旁经过。爸爸正指着三角形模样的石山，里萨库就骑着骆驼出现了，他对我们说道：“你们口中的那座长得很像金字塔的建筑物，确实就是金字塔。你们现在来到了埃及。更确切地说，你们来到了50年后，2066年，未来的埃及。”

“里萨库，你还有穿越时空的能力啊？”

“这种能力需要高度的精神能量，所以我只在有必要的时候使用。”

我们步行走到了胡夫王和哈夫拉王的大金字塔面前。亲眼看到了只在照片里见到过的金字塔，我们觉得非常新奇。金字塔真的非常大、非常壮观，我们惊叹得张大了嘴巴。

“对了，狮身人面像在哪里？我还想看看狮身人面像呢。”

“对的，狮身人面像！我想看狮身人面像！”

“就在你们身后。”

顺着里萨库手指的方向，我们看到了一个巨大的石块。

“把我们当傻瓜吗？我们知道狮身人面像长什么样子！不就是人脸、狮子身体，整体长70米、高20米、宽4米，鼻子碎掉不见的雕像嘛。”爸爸生气地吼道。

可是，这是我爸爸吗？也太聪明了吧！

“是的。你说的那个狮身人面像，就是你们眼前的这个。就像你们说的一样，狮身人面像的鼻子和胡须，很久以前就已经碎掉了。不过，后来被破坏得更严重，都是工业发展带来的污染物质造成的。酸雨腐蚀了脸部和身体上的花纹，然后渐渐垮塌下来，最终变成了现在这副模样。”

“酸雨是什么？”

“酸雨是指工厂或者汽车燃烧燃料时，产生的二氧化硫或者氮氧化合物之类的空气污染物质，跟雨水结合形成的、一种呈强酸性的雨。像狮身人面像这样历史悠久的文化遗产，在岁月的洗礼下，已经逐渐变得脆弱，再遇上酸雨的话，就更加容易垮塌了。现在，原来的形态已经完全消失，只

现在的世界！

随着希腊雅典巴特农神殿等众多文化遗产受到损害的报告传出，人们也逐渐明白：环境问题跟文化遗产保存也有着密切的关联，这是超越国境的问题。为了保护文化遗产、复原文化遗产，酸雨问题比较严重的欧洲国家也加入了环境保护的行列。

剩下石块了。”

听了里萨库的话，再回头看看变成石块的狮身人面像，我们觉得确实有点儿惋惜。

“所以，今天的任务是什么？”

“今天的任务是：拍下狮身人面像的照片，拿给现在的人类看，唤起他们对酸雨的警惕心。”

“可是，未来已经变成这样了，我们可以挽回吗？”

“未来，是看我们现在的努力而定的，是完全可以改变的。”

听了里萨库的话，我们充满斗志地拍起照来。可是，不管多努力地多方位、多角度拍摄，只能拍出巨大的石块模样。我们回到现在之后，写了一篇叫作“请守护未来的狮身人面像”的文章，附上照片，传到了网络门户网站“乌库达斯人物”上。

这篇文章下面出现了几百个回帖。很多人说，“想象了一下，真是惨不忍睹啊。”大家都不相信这是真的。紧接着就有回帖说，“从现在开始，还不算晚，我决定减少汽车使用次数；化石能源制成的衣服、学习用品、玩具等工业用品，也会省着点用。”

我也下定了决心：从现在开始，橡皮要省着点用，再也不每天缠着妈妈给我买衣服了。我不希望狮身人面像就那样变成一个石块。我希望等我长大以后，可以让我的孩子们也看到狮身人面像完整的样子。

1. 不要只想着用新的。用过一次的东西，可以再利用。养成再利用的好习惯。
2. 要谨记！浪费或者污染的生活习惯，会给别人带来伤害。

为防止地球变暖，国际社会做出的努力

任务 在所有公共活动中，都不能使用一次性用品

联合国看到我们在网络上发布的“请守护未来的狮身人面像”帖子，给我们发来了联合国气候变化大会华沙会议的非正式邀请。他们希望我们能在各国代表共同进餐的晚餐时间里，针对因为气候变化导致的乌库达斯灭亡事件，发表演讲。爸爸会作为我们家族的代表，上台发表演讲。他现在已经患上了舞台恐惧症，一直在背稿子。

联合国气候变化大会是什么呢？其实就是为了阻止日益加重的气候变化问题，世界各国代表每年碰一次面，针对如何阻止地球变暖问题进行讨论的会议。你们听过臭氧层破坏这个词吗？尽管我们肉眼看不到，但其实我们生活的这个地球是被臭氧层包裹着的。据说，臭氧层可以阻隔来自太阳的紫外线。可是，不知道从什么时候开始，地球人开始大量使用氟利昂等化学物质。随着这些物质的广泛使用，这个臭氧层裂开了一个个洞。

1983年才知道臭氧层出现了破洞。

如果继续放任不管的话，人们最终可能会因为紫外线照射，患上皮肤癌。因此，许多国家的首脑，于1987年9月，在加拿大蒙特利尔会面，他们约定：不再使用让臭氧层破裂的化学物质；为了防止酸雨，会努力减少汽车驾驶，减少工厂等地方的污染

物质排放量。

可是据说，虽然各国约定了要努力减少温室气体排放，但也只是互相看眼色而已。挺身而出、主动说要减少排放的国家并不多。世界上温室气体排放量最多的美国，居然干脆退出了。

总之，敦促这样的国家参与到环境保护里来，是我们的任务。还有一个任务：在晚餐时间里，监督大家，不让大家使用一次性用品。我们给会议举办方发去了我们的建议，他们也给我们发来了回信：“晚宴上一律不用塑料瓶装饮料；餐巾是用可以水洗再利用的有机农棉制成的；瓶子都是标准化的、可以回收利用的；给参加会议的所有人派送的礼物——马克杯，都不能用包装。”

终于，各国代表参加的晚餐时间到了。爸爸和麻包吃穿上了燕尾服，妈妈和我穿上了晚礼服。爸爸一听到自己的名字，就深吸一口气，走上了舞台。

“来参加气候变化大会的各位先生、女士们，大家好吗？大家看起来都挺好的。但是，地球并不好。所以，我们才会聚集到这里吧。”

刚开始的时候，爸爸的声音有些颤抖。不过，爸爸还是很努力地把我们在乌库达斯上经历的事情讲给大家听，还给大家展示了照片，讲述了乌库达斯灭亡的原因。最后，以这样一段话，结束了演讲：“其实，我没有资格发表这样的演讲。我在地球上重新犯了在乌库达斯上犯过的错误，现在处于快被逐出地球的处境。但是，请大家不要犯和我一样的错误，希望大家能够守护美丽的地球，一直到最后。因为地球只有一个。”

爸爸的演讲一结束，我们一家人，还有会场的所有人，都鼓起掌来。我们为成功发表了演讲的爸爸感到骄傲。这个时候，里萨库走了过来。

“今天的演讲还不错。不过，这里用了一次性用品啊。因此，这次任务失败。”

“怎么可能！我们已经让他们在这次晚宴中，不要使用一次性用品了。”

我们顺着里萨库手指的方向看过去，人们在使用白色纸质餐巾纸呢。我们向举办方相关人员询问了原因，居然说没来得及准备有机农棉餐巾。怎么会这样！从现在开始，再失败一次的话，我们一家人就要被永远逐出地球了。一想到说不定会被逐出地球，我们一家人就呜呜地抱头痛哭起来。看到我们在哭，人们都走过来，为我们加油。

“从现在开始，好好反省，努力完成任务吧。一定要成功，留在地球上。”

毁了乌库达斯还不够，还来毁地球。地球人居然为我们这样的人加油，他们真的很友善。

1. 要买不太污染环境的东西。
2. 了解一下商品上有哪些环境标识。

10

战争

伊拉克
基尔库克

居然为了占有石油，发动战争？

请回答“石油是否宝贵到需要发动战争来占有？”

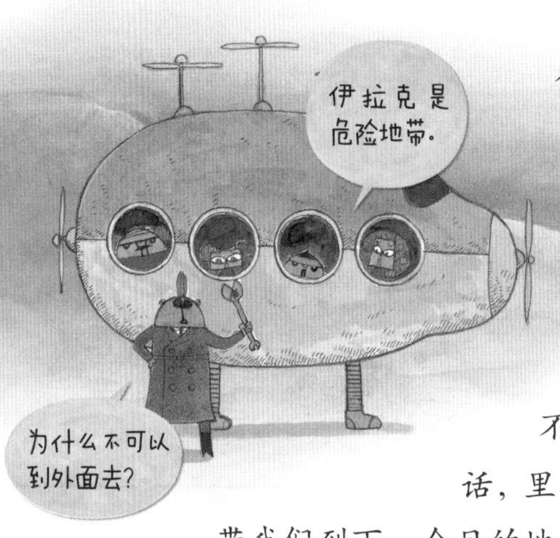

因为上次任务失败，我们只能用自行车发电，到下一个目的地。不过，飞船在途中突然发出奇怪的声音。

“咔嚓咔嚓咔咔咔嚓，咔咔咔嚓”

里萨库觉得飞船出了状况，必须紧急着陆。我们也有点害怕，不过却盼着飞船修不好。因为这样的话，里萨库就只能用他的瞬间移动超能力，带我们到下一个目的地了，对吧？哈哈！我们透过窗户向外看，还能看到沙漠，应该还没离开中东地区。我们想到外面透透气，正打算从飞船出去的时候，里萨库拦住了我们。

“为什么不可以到外面去？里面太闷了。”

“这里是伊拉克。”

“伊拉克？就是那个总统曾是萨达姆·侯赛因、和美国打仗的国家吗？”

“是的。战争虽然结束了，但是这里的治安状况仍然不好，还是留在飞船里比较安全。”

“可是，什么原因导致了这次战争呢？”

“因为石油。2003 年，美国以消除伊拉克藏有的大量杀伤性武器为由，对伊拉克发动攻击，但他们心里其实是贪图伊拉克的石油。伊拉克是一个拥有超过1100亿桶石油资源，石油储量在世界上排名较前的国家。

这场战争于2011年12月12日结束。但是直到最后，也没有发现美国要找的大量杀伤性武器。但在这段时间里，却有15万5千人失去了生命。死亡者中，还包含了11万名伊拉克无辜的平民。”

我们听了里萨库的话，非常愤怒。妈妈激动地说道：“我一直以为地球人都很亲切、善良。原来还有很多像恶魔一样的地球人！”

现在的世界！

随着石油价格上调，世界各国反应都很敏锐，都想多占有一些能源。学者们把这种现象叫作“能源民族主义”。因为在现代社会，没有能源是不行的，能源是非常重要的资源，而能源储量是有限的。这种现象就是在这样的背景下产生的。能源民族主义越深化，像韩国这样大部分能源依赖进口的国家，受到的影响越大。

“其实，以前有传闻说，美国××总统是乌库达斯人。”

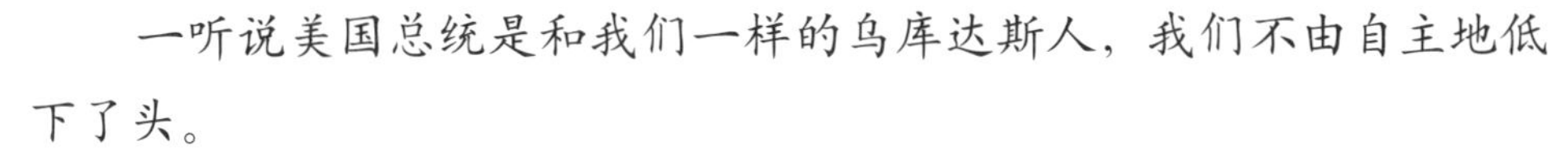

一听说美国总统是和我们一样的乌库达斯人，我们不由自主地低下了头。

“石油那么重要吗？重要到必须发动杀人的战争吗？”

“找出你刚刚提出的问题的答案，就是今天的任务。我修飞船的

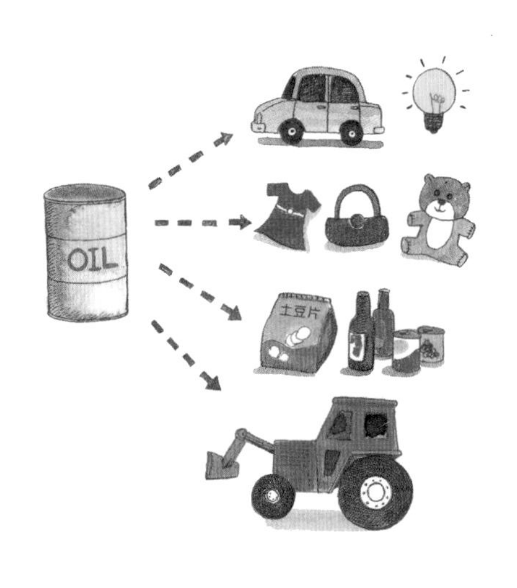

时间里，你们去寻找答案。”

为了找到答案，我们了解了一下石油。我们现在生活的世界，没有一个地方不需要石油。汽车，发电，做衣服、玩具、饼干等生活必需品，甚至连超市里装饼干的塑料袋也要用到石油。除此以外，种庄稼的农用机械也需要石油。所以，石油肯定很重要。但是，石油储量是有限的，石油价格自然就直线上升了。

如果石油随随便便就能造出来的话，就没什么好担心的了。可是，据说石油是数亿年以前的动植物死亡以后，经过长期腐烂、变化而成的，因此不可能再制造出来。不过，就算再重要、最宝贵，发动杀人的战争就是正确的行为吗？我们一家人一致回答道：“NO！我们认为比起地里埋着的黑色液体，人的生命自然更加宝贵。”

里萨库听了我们的回答，这样说道：“任务清除！”

也就是说，我们可以用瞬间移动超能力、舒舒服服地到达下一个目的地了呀。呦呵！

1. 关掉暂时不用的电灯。
2. 不要缠着父母买没必要的电子产品。

世界上最美丽的生态居住园地

10

战争

德国 沃邦生态社区

任务 告诉她，创造这个世界上最理想居住地的方法

在电脑上查收邮件的麻包吃，用自豪的口吻叫我们过去看。必须要有一个人踩自行车发电，才能用电脑。所以，除了爸爸以外，家里的其他人都挤到了电脑旁边。

看了爸爸在气候变化大会上的演讲，粉丝给我们发来了三封信。其中两封信是祝愿我们旅行成功，为我们助威的内容；另外一封信是请我们帮忙的。

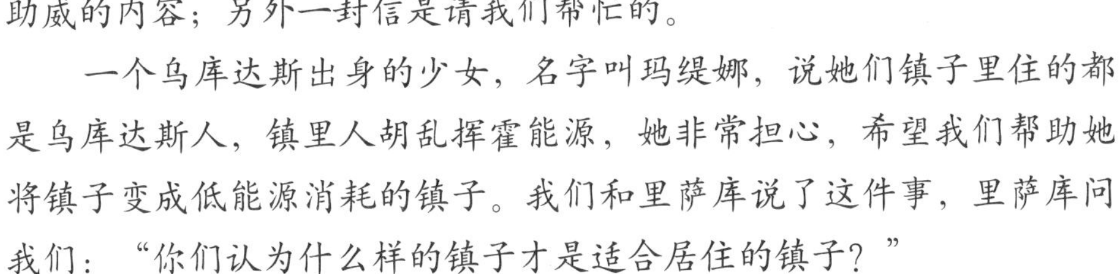

一个乌库达斯出身的少女，名字叫玛缇娜，说她们镇子里住的都是乌库达斯人，镇里人胡乱挥霍能源，她非常担心，希望我们帮助她将镇子变成低能源消耗的镇子。我们和里萨库说了这件事，里萨库问我们：“你们认为什么样的镇子才是适合居住的镇子？”

“当然是车道宽、车子能呼啸而过的镇子啦。”

“当然是有经常打折的大卖场、有染发和烫发做得很棒的美发店的镇子啦。”

“有满满的、都是漂亮新产品的大型文具百货店的镇子。”

“有很多卖好吃的汉堡包、比萨饼、五花肉、肉类自助店铺的镇子。”

爸爸、妈妈、我，还有麻包吃一回答完，里萨库就对我们说：“现在我们要去的镇子，你们刚刚说的那些东西一样都没有。不过，像少女希望的一样，是个低能源消耗的镇子。到那个地方以后，好好看看人们是怎么节约能源，创造出理想小镇的。然后，用电子邮件，把这个办法发给那个少女。这就是今天的任务。”

从飞船上下来一看，原来是上次去过的德国弗莱堡市附近的沃邦镇。我们拜访了镇上的居民自治会，跟他们讲，我们想了解一下这座小镇。有一位阿莱穆特夫人，非常热情地给我们做了介绍。

“本来这个地方是法国军队训练的部队基地。德国统一之后，法国军人就重新回法国去了。之后，大家都在想，这么大的部队基地要怎么才能利用起来呢。后来，有些人一齐建议把这个地方建造成人与自然和谐相处的生态住宅社区。因为这个理念聚集到一起的人，每天开会讨论、设计房子、跟建筑家会面。然后，这个沃邦生态社区就建成了。”

“那么，这个地方是用什么办法节约能源的呢？”

“首先，镇上是不允许车辆进出的，孩子们可以尽情玩耍。开汽车的人要把汽车停在镇子入口处的大型停车场之后，再走回家。要去市中心的话，可以坐电车，就算家里没有车，也不会给生活带来不便，

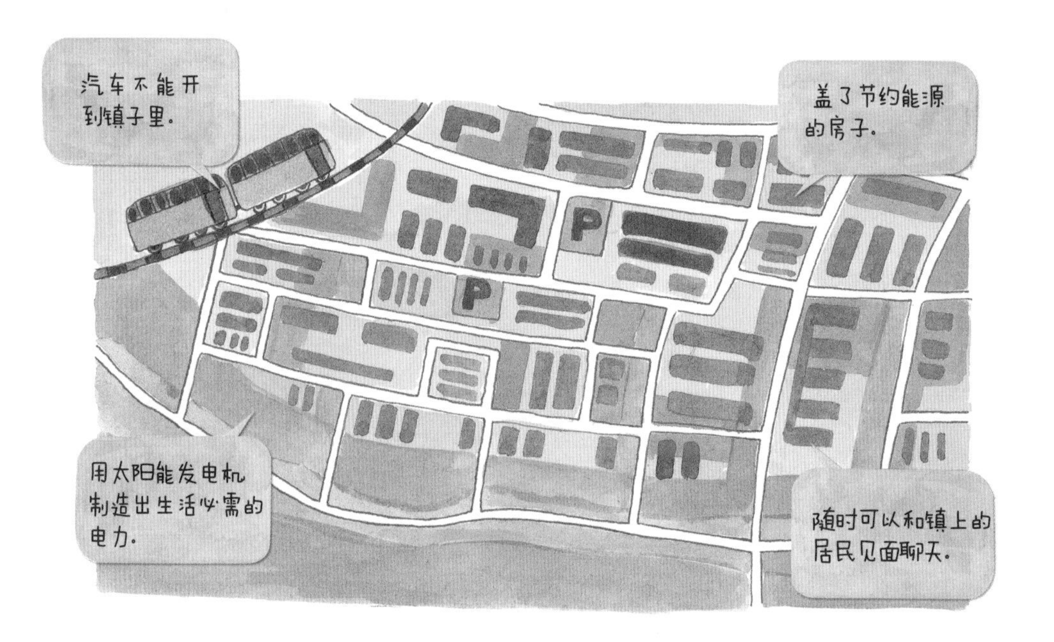

空气还非常好。而且，为了减少能源消耗，房子建得非常结实，就算是很冷的冬天，也不需要一整天开着锅炉。另外，每户人家的房顶上都安装了太阳能发电机，家里要用的电，可以自己制造出来，还可以省钱。

为了和动植物和谐相处，家家户户门前都有庭院。楼顶都种了植物，每个季节都能开出美丽的花朵。还有一点，为了让镇上的人能够随时见面聊天、一起分享食物，镇上的许多地方都设置了小镇会馆和游乐场。我知道这个镇上所有人的名字。如果不是我们这样的镇子，应该是不可能办到的吧？能建造出这样的镇子，力量来自于我们自己想要创新、努力实践的心。你们难道不想生活在这样的镇子里吗？”

现在的沃邦生态社区！

现在的沃邦生态社区里有5000人居住。因为这里的房子都是志趣相投的人，自己设计、建造出来的，所以社区里的房子形态，都各不相同。这个生态社区的骄傲是向日葵屋和太阳能增能房。这两个建筑都是著名的太阳能建筑师罗尔夫·迪施设计而成的。

听完阿莱穆特夫人的介绍，我有种就算没有大型文具店，也很想住下来的想法。我们仔细地记录下阿莱穆特夫人的话，并用电子邮件发给了玛缇娜。同时，我们也为那个乌库达斯小镇加油，希望它能变成和沃邦一样的镇子。

“加油，玛缇娜。我们为你们加油！”

如果你热爱地球的话

1. 出去旅行的时候，自备洗漱用品，不要带走酒店的香皂或者洗发水。
2. 住在露营地或者酒店的时候，要节约用电。

11

公平贸易

巴基斯坦
锡亚尔科特

足球的真实价格是多少？

了解公平贸易的必要性

“啊，真想看足球比赛啊！”

爸爸唯一的兴趣是：看着足球比赛，吃着炸鸡和啤酒。可是，别说足球比赛了，现在连炸鸡和啤酒都是水中月镜中花。听到爸爸说想看足球比赛，里萨库说话了：“今天你们要去巴基斯坦制作足球，然后用制作足球挣来的钱买足球比赛门票。买到门票的话，我会给你们自由时间，让你们自由自在地看足球比赛。”

“嗯哈哈哈！到现在为止，这个任务是所有任务中，最合我心意的一个。我要买英格兰足球超级联赛的门票。”

爸爸高兴得手舞足蹈。心里燃起了一天制作30个足球的欲望。我们来到了据说生产出了世界上70%的足球的巴基斯坦锡亚尔科特市。一下飞船，一个和我差不多年纪的男孩子向我们走了过来。

他的名字叫奥马尔，年纪是10岁，他说自己制作足球已经有5年了，是有经验的技术工。真让人不敢相信。为了制作足球，我们去了奥马尔的家。

我们还没有掌握制作足球的技术，所以只能给足球贴标签。而且因为要学技术，这些工作都是免费的。让我们吃惊的是：制作一个足球，居然只能得到 300 韩元！奥马尔和奥马尔的哥哥合力制作一整天，最多也只能制作出 3 个球。更让我们吃惊的是：同样的球，2002 年，在韩国，价格居然是 15 万韩元！你们相信吗？

那么，我们要制作多少个足球，才能买得起足球比赛门票呢？假设我们家买门票需要 20 万韩元的话，我们得工作三年零七个月，才能买到一张足球超级联赛的门票。

你们不觉得这太不公平了吗？这原本就是不可能的任务。以我们现在的处境，反正如果拒绝任务的话，就会被赶出地球，所以未来的几十年，只能在这个地方制作足球了。想到这里，眼泪“唰唰”往下掉，也不知道这是因为太难过，还是因为贴标签的胶水味道太毒。呜！呜！

我们在奥马尔家里贴了几个月的标签。终于有一天，从奥马尔的大哥阿都那里听到了一个好消息。说是有个叫作“公平贸易”的交易方式。像韩国一样，比巴基斯坦生活富裕的国家会付出与劳动相符的价格，买下我们制作的足球。不过，不是说韩国的足球价格变贵了，而是通过产地直销的方式买卖，价格是一样的。这样一来的话，我们在这里工作的时间也能缩短了，奥马尔也可以不用工作，去上学了。

看到奥马尔高兴，我们一家人就更高兴了。在韩国，孩子不工作、上学是一件

理所当然的事，可是奥马尔却因为这样的事感到高兴，我觉得有点心疼他。

几天以后，里萨库找到了我们，对我们说，任务已经完成了，可以跟他走了。我们一头雾水。因为我们还没能好好制作出一个足球呢。

“通过这几个月在这个地方体验生活，让你们了解公平贸易的必要性，才是真正的任务。我看大家好像都了解得很透彻了，觉得现在差不多可以结束任务了。”

我们听了里萨库的话，感到非常高兴，不过想到要和已经产生感情的奥马尔一家人分开，又觉得有点舍不得。

“再见，奥马尔，为了让你以后也能无忧无虑地上学，我们一定只买贴了公平贸易标签的东西。”

“谢谢，麻爱扔。一定要完成所有任务，下次不要再来干活了，再来玩，我们一起玩！”

“嗯，一定会的。”

1. 买东西或者用东西的时候，要想到制造这些东西的人们的汗水和诚意，要省着用。
2. 不要忘记其他国家，还有饿着肚子、想要摆脱艰苦生活的人，养成节约的好习惯。

让所有人幸福的善良交易

11

公平贸易

英国
伦敦

一整天只使用公平贸易产品

从巴基斯坦回来的第二天，一大早，里萨库让我们选择：是要看足球超级联赛？还是要和公平贸易商品一起休假？我们觉得看到足球的话，就会想到胶水的味道，所以选择了休假。里萨库倒是给我们休假了，不过这一整天都只能买公平贸易产品，只能吃公平贸易产品。还说这是今天的任务。

“哇！”

好不容易休假一次，我们激动得走出了飞船。同时，从里萨库那里拿了伦敦销售公平贸易产品的店铺地图，认认真真地背出了公平贸易标识。我们路过体育用品店的时候，看到里面陈列着足球。

可是，没有一个足球上贴有公平贸易标识。我们对店主说，想买公平贸易产品。店主说现在虽然没有，不过跟我们约定，以后一定会买公平贸易商品来卖。不知道为什么，感觉自己帮助到了奥马尔，心里特别充实。

后来，我们进了一家卖公平贸易咖啡和可可的店铺。妈妈和爸爸喝了老挝产的咖啡，我和麻包吃、小毛毛喝了可可、吃了三明治。我们问咖啡馆店主，附近有没有卖值得买的公平贸易产品店铺。店主告诉我们，有一家卖东南亚进口衣服和各种小物件的店铺不错。

我们找到了那家店，店里有很多纯手工制作的被套、拼布工艺、垫子、衣物，还有包、钱包、小雕刻品，都很漂亮、精致。我和妈妈正看得起劲的时候，店主泰勒夫人对我们说道："店里所有东西都是从东南亚的老挝、越南等地方进口过来的，都是当地人花心血一个个亲手制作出来的。因为是纯手工制作，所以量都不多，不过质量非常好。"

"我们知道，我们也动手做过。不过让我们伤心的是，当地人得到的钱太少了。"

听了我们的话，泰勒夫人立即回答道："是的。低价从当地人手里买了东西，再高价卖出去，对于制作东西的人和买东西的人来说，都是非常不公平的交易。所以，才会出现公平贸易，让生产者能够得到买东西的人付出的、合适的钱。为了促进公平贸易，出现了一些团体或者个人，他们亲自从当地人手里以适当的价格买来东西，然后再以一个适当的价格卖给消费者。后来，又出现了我们这样的店铺。”

“公平贸易真是一件善事。因为有你们这种卖公平贸易产品的店铺，我的朋友奥马尔不用再制作足球，可以去上学了。”

泰勒夫人夸我们了不起，还送了我钱包，送了麻包吃袜子，送了小毛毛婴儿用围嘴。东西真的很漂亮，我一辈子都会好好保管的。我觉得公平贸易真的是让所有人都幸福的善良交易。大家如果也想帮助我的朋友奥马尔的话，一定要买贴有公平贸易标识的足球啊，一定哦！

1. 在销售公平贸易产品的店铺里买东西。
2. 了解一下自己使用的物件来自哪里、怎么制成的。

12

难民

孟加拉国
达卡

据说因为气候变化，他们成了难民

为气候难民准备 500 份饭菜

爸爸说麻包吃偷吃了他藏起来的巧克力，一大早就在批评麻包吃。虽然我知道麻包吃没有偷吃巧克力，可是我不能对爸爸讲出事情的真相。因为偷吃掉那些巧克力的人就是我。麻包吃，委屈你了，不过为了姐姐，你要忍着哦。就在这时，里萨库急匆匆地走进来，说道：“紧急任务。现在立即去孟加拉国。”

在去孟加拉国的路上，里萨库简单地对我们说明了一下孟加拉国的情况：“孟加拉国常住人口有 1 亿 4 千万名，是地球上人口密度最高的国家；因为经常发生飓风、洪水、干旱，也是受到气候变化危害最大的国家，1 亿 4 千万名人口中有 1 亿人口居住在农村。”

一到孟加拉国，我们就接到了要为难民准备 500 份饭菜的任务。里萨库也一起参加了这次任务。我们淘了米，放进锅里煮饭，再切些做咖喱的蔬菜和肉。我们做过一家五口的饭菜，但是做 500 份饭菜，真是不简单。大家都汗流浃背，衣服都湿透了。

利兹瓦纳·哈桑既是律师，又是环境保护者，他也帮助了我们。在和叔叔的交谈中，我了解到孟加拉国每年都会发生这样的洪水。我好奇地问叔叔：“孟加拉国为什么经常发洪水呢？”

“孟加拉国 2/3 的国土，处于海平面 5 米以下。所以，一旦发生飓风或者下暴雨，国土的 1/4 都会被水淹没。最近，由于环境污染严重，喜马拉雅山的冰川正在融化，孟加拉国等南亚地区，发洪水的次数变得更多了。”

在一旁切蔬菜的妈妈，也担心地问道：“洪水过后，失去家园和工作的人们，都去哪里呢？”

“难民们都会聚集到首都达卡，在那里形成一条贫民街。他们大部分一天的生活费只有不到 3000 韩元，生活非常艰难。他们会在湖边建窝棚住，但是只要发洪水，那些窝棚也会再次被淹没。”

爸爸一边搅着咖喱，一边说：“难民们太冤枉了，又不是他们的错。”

“是的。因为和这里毫不相关的经济发达国家的工业活动、消费活动，他们却承受着痛苦和灾难，确实太残酷了。如果说打开世界地图，让气候难民选择他们想去的国家，经济发达国家肯定不会欢迎他们入境。

所以，经济发达国家，在他们不希望出现的事情发生之前，必须要为防止气候变化，做出实实在在的努力。不然的话，气候难民大迁移会给全世界带来多少变化和损失，就说不好了。”

和哈桑叔叔一边聊一边做菜，不知不觉间饭已经做好了。我们的帐篷前面早就排起了看不到头的长队。看到难民急慌慌地吃着我们做的饭菜，我感觉非常对不起他们。因为我们肆意浪费的生活态度，竟然让他们变成了气候难民和城市贫民！

那天夜里，我决心回到飞船之后，向爸爸坦白事实，再向麻包吃道歉。因为我觉得麻包吃一点错都没有，却要挨批评，该有多么冤枉啊。可是，一想到要坦白错误，心里就特别害怕。怎么办呢？

1. 减少一周产生的垃圾量。
2. 了解一下家里一周丢弃多少饮食垃圾。
3. 多种树，阻止地球变暖。

和第三世界分享充满希望的奥运会

12

难民

英国
伦敦

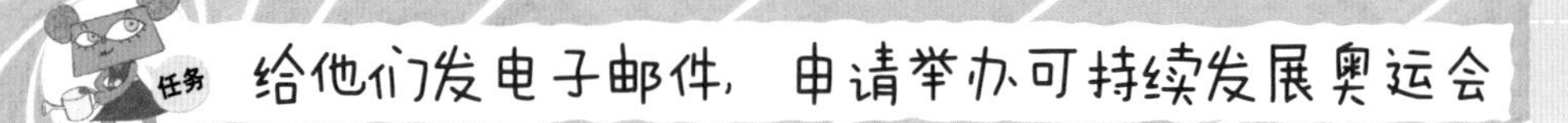

早上，家人要洗澡，我和麻包吃正在努力地骑着自行车。可是，笨蛋弟弟居然说平昌冬季奥运会上有自行车比赛项目。虽然是我弟弟，可是也太丢人了。我跟他解释了一下夏季奥运会和冬季奥运会的区别。

一直在旁边听我们说话的里萨库也说道：“不管是夏季奥运会，还是冬季奥运会，这种大型比赛实际上对环境都不太好。要建比赛场地；还要建运动员住的宿舍；很多人聚到一起的话，还会产生很多垃圾。所以，有些人主张奥运会最好只在奥运会宗主国——希腊举办。

考虑到环境原因，上届伦敦奥运会在很多方面都是值得学习的。伦敦人把那届奥运会叫作‘可持续发展奥运会’。”

“可持续发展奥运会？”

“就是尽可能减少温室气体排放量，不给地球环境带来影响的奥运会。”

“那么，伦敦人为了举办这个可持续发展奥运会，做了什么努力呢？”

里萨库打开投影仪给我们看照片。

“这个地方是奥林匹克公园，几乎所有比赛的比赛场地都聚集在这里。现在看来是很美，但以前这个地方是一片废弃工厂，土地也被垃圾污染了。这片土地少说也有 276 个足球场大小。他们把这么大片的土地里埋着的垃圾，一个个挖出来处理掉。为了尽可能创建出和自然接近的生态环境，他们重新种植了 30 多万棵湿地植物，维护生物多样化。

另外，还有一点做得很好。他们提出了“零垃圾”的目标。清除老旧建筑物的时候，把能用的部分全部聚集起来，用到新的建筑物上。听说老旧建筑物上 90% 的部件被重新利用了起来，这件事令人非常吃惊。奥运会举办期间，为了减少垃圾，他们还开展了再回收、再利用活动。

同时，他们还建造出了能经受住气候变化的比赛场馆。”

“这么看来，奥运会也要花心思好好办才行啊，不然的话，像孟加拉国那样的国家又要受灾了。”

“对。要想让奥运会成为真正的、全世界人的庆典，就必须先考虑环境问题。所以，今天的任务是：把你们从伦敦奥运会中学到的东西，发给平昌冬季奥运会组织委员会，向他们申请把这些理念运用到平昌冬季奥运会上。”

我们对平昌奥运会做了调查。他们正准备在江原道旌善郡的加里王山上建造高山滑雪场。而这座山里住着小飞鼠、貂、山猫等濒临灭绝危机的动物，这里也被指定为自然保护区。要建赛场的话，就得杀死这些宝贵的生命，取消自然保护区。必须要做这样的牺牲，来办奥运会吗？没有办法把赛场转移到其他地方吗？我们带上这些建议，连同里萨库给我们的照片，重新编辑了信件内容，发了封邮件给平昌冬季奥运会的组织委员会。

我觉得如果韩国举办的这次 2018 年平昌冬季奥运会，也想办成可持续发展奥运会的话，不仅需要奥运会组织委员会的支持，更需要市民们不断提出要求，并持续关注、促进绿色环保奥运会的举办。为了一次奥运比赛，破坏这片土地上宝贵的生命和自然，是绝对不可取的事。

1. 关注一下奥运会等大型活动前，人们是怎么准备的。
2. 和家人一起，举办只属于自己家的保护环境家庭奥运会。

13

沙漠化

中国
内蒙古

沙尘暴的发源地：被破坏的草原

一家人，靠一瓶水生活一天

“呼呼呼呼呼 呼呼呼呼 呼呼呼呼”

突然一阵大风刮过，飞船被刮得左摇右摆。我们一家人透过窗户向外看去，漫天的灰尘和沙子，什么也看不清。里萨库紧急降下了飞船。

“这里是中国内蒙古的查干诺尔草原。现在这种刮起风沙的现象，我们把它称作‘沙尘暴’。现在开始，你们要在这个草原上体验一下内蒙古人的生活。感受他们在这个地方，正经历着什么样的困难。”

我们走到外面，在风沙中隐隐约约看到一个圆筒形的帐篷。拨开风沙，一个少年向我们走来，他非常热情地迎接了我们一家人。

“很高兴见到你们。我的名字叫阿诚。”

里萨库给我们每人发了一个1升装的矿泉水瓶。

“用这些水，在这个地方生活一周，就是这次的任务。那么，一周以后见。”

里萨库走后，我们跟着阿诚，拨开风沙，向阿诚家走去。据说这里人把这种圆筒形帐篷叫作‘蒙古包’。进了蒙古包之后，我们好不容易才睁开了眼睛，浑身上下都是沙子，整个人实在不像样。蒙古包里，阿诚的爸爸非常热情地迎接了我们。

“哎哟，活过来了。不过，你们在这种刮着风沙的地方怎么生活啊？”

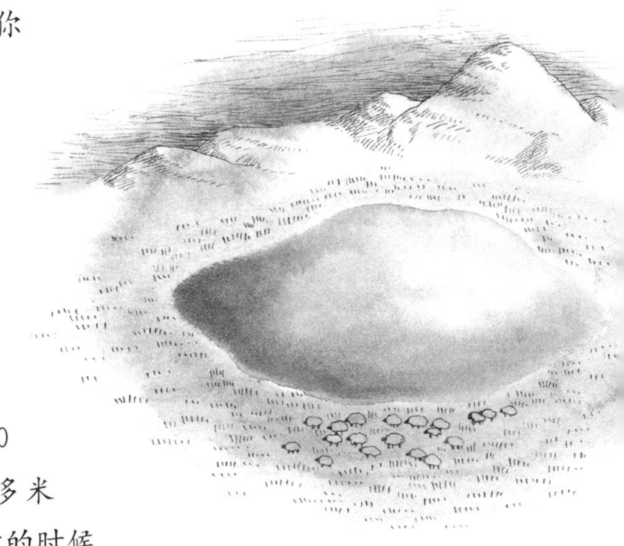

“以前没这么严重。从10年前开始，变得非常严重。原来查干诺尔的西边有一个很大的湖，东边有一个小湖。如今，西边的大湖已经完全干涸了，只留下东边的一个小湖。20世纪80年代以前，那个大湖的水还有10多米深的。我小时候第一次来这个地方的时候，夏天的草长得还很茂盛。所以那个时候，我们家养了80头牛、400只羊，还养了狗、鸡、鹅。不过，好像是1998年左右吧，这里开始干旱，之后就不再长草了，渐渐成了沙漠。”

“哇！我不敢相信这个地方居然曾经有过一个很大的湖！”

“连我自己也不敢相信。那么大的一个湖居然会完全干涸，变成沙漠……”

阿诚爸爸的眼前好像浮现出了以前的那个大湖似的，眼睛上凝结了湿漉漉的泪水。

“你们不能直接搬到城市里去吗？”

“现在也有很多年轻人放弃畜牧，去北京那样的大城市生活，我觉得非常遗憾。我还不想离开。”

傍晚，我们吃了阿诚爸爸给我们准备的传统饮食，小心翼翼地倒出半

现在的中国！

荒漠化问题是世界各地都急速加剧的一个问题。所谓荒漠化，就是水的蒸发量比降水量更大，气候越来越干燥，沙漠地带不断扩大的现象。25%的陆地已经荒漠化，世界人口的17%正受到荒漠化的影响。中国已经有超过整体国土面积30%的土地荒漠化，甚至已经超过了整体农耕地的面积。据说，现在还在以每年30万公顷的面积在增加。

杯水刷牙，再用半杯水浸湿毛巾后擦掉粘在脸上和身上的沙子。在明天晚上之前，我们只有这些水可以喝，所以非常当心，生怕漏掉一滴水。

这样的生活竟然要过一周，感觉眼前一片漆黑。因为一点普普通通的水受苦，是我从来没有想象过的事。更头疼的是，麻包吃这小子居然一不小心把一天的水都泼掉了！家里其他人只能把水分一点给麻包吃了。

就这样过了一周。我们特别怀念在家里随便用水的时候，甚至差点哭出来。特别是抽水马桶里流掉的水，多可惜啊。就算只有那么一点水，也不至于像现在这么辛苦。我们无意间浪费的水，在这个地方居然和生命有着直接关系。想到这里，我突然觉得：水绝对不是什么普普通通的东西！

1. 沙尘暴来的时候，要戴上口罩。
2. 珍惜每一滴水。
3. 保护森林。

守护草原的人们

任务 寻找拯救沙漠化草原的方法

在内蒙古草原住了一周了。一天早上，我们一起床就发现风沙完全停了，草原上方的天空一片蔚蓝。

“哇，太美了！不刮风沙的时候真好！”

“沙尘暴停了，我也要开始做之前没办法做的活儿了。”

阿诚边说边走出了家门，我们也不能待在家里什么都不做，所以跟着走了出去。因为风沙的原因，一直被关在蒙古包里，浑身难受得要死。阿诚跑来跑去，把遍地的牛粪都翻了一遍，我们问他原因，阿诚居然说要把牛粪晒干了当燃料用。难道我们昨天吃的羊肉也是用牛粪烤出来的啊！阿诚告诉我，牛粪一点儿也不脏，还不会污染环境。听了阿诚的话，我对自己刚刚不假思索说出来的话，感到非常惭愧。这个时候，里萨库出现了。

“上一周的任务完成得不错，今天我会给你们新任务。”

我心想：妖魔鬼怪们做什么呢？怎么不把里萨库抓走呢！

“我们这一周每天就一瓶水，已经过得很累了！好不容易看到蓝天，又给我们任务！”

“找出守护草原的办法，今天下午6点之前，按照找到的办法

去实践。”

里萨库离开之后，我们非常迷茫。

阿诚在一旁说：“我知道谁能帮助你们，跟我来。”

阿诚说的那个人是枫叶叔叔。枫叶叔叔对守护草原的方法非常了解。他听了我们前来拜访的原因，这样问道：“你们认为要守护草原的话，应该怎么做呢？”

我们一家人经过认真思考之后，爸爸回答说：“要多种树，必须种遍整片沙漠。那样的话，沙漠就会消失了。很简单嘛。哈哈哈！”

“没那么简单。不是所有树木都适合在沙漠种植。需要吸收大量水分的树木反而会加剧荒漠化。所以，我们对生长在荒漠化地区的植物进行了研究，最后发现了一种叫‘碱蓬’的草。现在外面就有来自韩国的环保团体、大学生志愿者，正在和村里人一起撒碱蓬种子呢。我们一起去看看吧。”

我们跟着枫叶叔叔过去，和韩国来的大学生志愿者们一起撒碱蓬种子。

我问了身旁正在撒种子的漂亮大学生姐姐这样一个问题：“我们今天撒的草种子，

等它长大以后，就能守护草原了吧？”

她微笑着回答我：“我们在这里撒的种子确实很重要。但是，更重要的是回到韩国以后，要养成节约用水、节约能源，不给环境带来污染的生活习惯，是吧？”

在旁边一直瞟着漂亮姐姐的麻包吃这小子，激动地插了一句：“我以后一周只用1升水。”

就在这时候，突然出现的里萨库看着麻包吃，“扑哧”一声，发出恶魔般的笑声，说道：“你要说话算数啊！”麻包吃这小子一句话也说不出来，一脸苦相。不过，家里的其他人都因为任务顺利完成而欢呼雀跃。呦呵！一周只能用一升水的日子终于结束啦！

现在的内蒙古！

内蒙古人为了保护美丽的草原，想尽了办法。他们组织生态保护活动，研究荒漠化和沙尘暴，还对如何保护草原生态系统做了研究。近来，内蒙古人会把垃圾统一堆放到一处，牧民们也会主动种植物。

1. 一年至少种一棵树。
2. 刷牙或者洗澡的时候，要节约用水。
3. 在自己周边寻找环境保护团体，加入他们，参加志愿者活动。

14

垃圾

中国
凤港

摆脱电子产品垃圾地狱吧！

我们一家人正在抱怨现在用的手机这里不好、那里不好的时候，里萨库出现了。

“你们知道剩饭地狱吗？”

“不知道，那是什么啊？”

“人在活着的时候，没吃完就扔掉的食物，要到剩饭地狱里吃光。你们还记得自己扔掉过几个手机吗？”

“当然不记得。这种东西，谁会记着呀？”

“我这里有你们扔掉的手机个数和型号名。麻思冷先生 12 个，麻都用夫人 8 个，麻爱扔 5 个，麻包吃 3 个，小毛毛还没有。”

“那你的意思是：我们会掉进手机地狱吗？”

“对。现在开始，你们会跌落到废弃电子产品地狱里。你们要在那里找回自己扔掉的手机型号，扔过多少，就要捡回来多少。这是今天的任务。”

“啊！怎么可能！”

“截至晚上 6 点，必须完成任务。”

我们在中国的一个叫凤港的村子，下了飞船。虽然是乡下，但到处都冒着黑烟，散发着恶臭。小毛毛都打喷嚏了。我们四处看了看，在村子的角角落落里，电脑、冰箱、手机等电子产品垃圾，堆积如山。手机太多了，根本没办法立即找到我们扔掉的手机。

我们来到了冒烟的地方，人们聚在一起，正在拆电子产品。我们小心翼翼地在一旁偷看，突然有个人走过来。他向我们介绍了自己，说他是环境保护主义者，叫李章。我们一家人也做了自我介绍，并且说了来这里的原因。

我们问李章："那些人在做什么啊？"

"他们要把电脑主机上的零部件拆下来，就必须先熔化掉外面的焊条。"

"不过，这个村子里怎么这么多废弃电子产品呢？"

"这些废弃电子产品都是过去的20年里，从美国、日本、澳洲、欧洲、韩国等国家运过来的。这些国家为了节约垃圾处理费，把垃圾都出口到了中国。这个村子里的人，靠着把从垃圾里拆出来的零部件拿去卖钱，养家糊口。"

"零部件被拆掉之后，剩下的垃圾怎么处理呢？"

"直接烧了，或者埋到土里。所以，电子产品里含有的重金属就会污染水和土壤。因此，这个村子里，很多人都生病了。可是，他们都是些生活贫困的人，也没办法去医院看病。再加上，现在土地也被污染了，庄稼也种不了了。所以，实在没办法，也只能继续做垃圾分拣工作了。"

"那就没有办法摆脱这个电子产品垃圾地狱吗？"

现在的世界！

减少电子产品废弃物，最根本的办法是：从手机的生产阶段开始，尽量减少废料，制造出有害物质含量较低的产品。据说各国正在实行电子产品生产阶段，产品价格里包含环境保护费用的制度。另外一项制度还要求：必须含有可再回收利用的定量。如果做不到，该企业必须承担再回收利用的费用。

“电子产品企业必须想办法清除电子产品里含有的有毒物质，消费者也应该尽量减少电子产品消费。”

当听说我们以前扔掉的电子产品，让这个地方的人得了病，我们感到非常震惊，都想快点把自己以前扔掉的手机全部捡走。我们决定多捡一些，比我们扔掉的手机个数更多，都带回我们居住的韩国去。今天，在这里看到我们丢弃的手机形成的手机地狱，以后不会再想买最新款手机什么的了。就算要买新款手机，也要等无毒性零部件手机上市以后。

1. 垃圾要分类丢弃。
2. 不要随便丢弃手机等电子产品。

你要买我穿过的衣服吗？

14

垃圾

德国
弗伦斯堡

任务 到跳蚤市场卖东西，买笔记本

如果非要在这次旅行中挑一件好事的话，那就是我和麻包吃不用去学校了。可是，里萨库老是琢磨怎么折磨我们一家人。他联系了我们的班主任老师，拜托老师每天给我们发电子邮件布置作业。里萨库好像不懂，在地球上，拜托别人那么麻烦的事，是不礼貌的。光做任务已经快累死了，居然还要写作业。真是的！做数学作业的日子里，有种死去活来的感觉！当然，作业是不会做死人的。

麻包吃吵着说："笔记本都用完了，可以不写作业了！"他刚说完，里萨库就突然出现了，吓了我们一跳。里萨库竟然让我们去跳蚤市场卖东西，然后用卖东西的钱买笔记本！我就知道会这样，我就说嘛，里萨库就是看不惯我们舒舒服服休息的样子！

爸爸嘟囔着拿着他心爱的漫画书，妈妈拿着粉红色豹纹皮鞋，麻包吃拿着玩具消防车，我拿着限量版巴黎制造、印有照片的橡皮擦，

下了飞船。我们在德国最北边的小城市弗伦斯堡，下了飞船。听说，这里和其他欧洲城市一样，每个周末都会开跳蚤市场。

我们走到跳蚤市场里，把东西铺在面前，等着客人上门。妈妈的粉红色豹纹皮鞋最先卖了出去。接着，爸爸的漫画书和麻包吃的玩具消防车也卖出去了。只有我的橡皮擦卖不出去。我心里非常高兴，嚷嚷着叫大家快走。哦，大家居然说，我的橡皮擦卖出去之前，绝对不走！

我们因为这事吵吵闹闹的时候，不知道哪来的一个少女走了过来。这个少女叫马娅，和我同岁，都是10岁，说是和我们一样，来卖自己的东西。马娅说喜欢我的橡皮擦，想用自己的T恤衫交换。可是，我需要的不是T恤衫，而是笔记本啊。马娅一点儿也不伤心，她这样说道："我用今天卖东西赚的钱买就可以了吧。嘿嘿。"

"啊哈，可以，真谢谢你。"

马娅只有10岁，可是听她说，自己已经在这个地方做了4年生意了。自从6岁上小学的时候，

来这里卖过一次小时候用过的东西，就每个周末都去很多个跳蚤市场里，开再回收品店铺。刚开始，是马娅妈妈过来帮着弄，但现在她一个人也能定价、结账了。我们问她：“不累吗？”马娅摇了摇头。

“不累，一点儿也不累，还很有趣呢。在跳蚤市场里，不仅可以卖掉自己不用的东西，还能以很低的价格买到自己需要的东西。今天我不是也卖了对我没用的衣服，买到了这么漂亮的橡皮擦嘛！”

马娅告诉我们，有一家文具店专门卖再回收品制成的文具。我们去那家文具店，买了再利用纸张做成的笔记本。马娅说自己不需要那件T恤衫和那些袜子了，作为礼物都送给了我们。

“谢谢，马娅。我们能回韩国的话，一定向你学习，多去跳蚤市场。”

“嗯，一定要试试看哦。不知道多有意思呢！”

现在的欧洲！

欧洲是跳蚤市场天国，种类也非常多样化。有卖老旧古董的跳蚤市场、卖书的跳蚤市场、只卖儿童玩具和儿童衣物的跳蚤市场等等。没有一件东西是不能在跳蚤市场卖的。出故障的手表、坏了的自行车、锅盖，甚至是内裤和袜子，各种各样的东西，都可以拿来交易。到这样的跳蚤市场，你就能发现欧洲人勤俭节约的一面了。

如果你热爱地球的话

1. 准备把用过的东西扔掉的时候，想一想还能不能再使用、有没有需要用到它的地方。
2. 买东西的时候，要再三考虑，只买必须用到的东西。

15

生态复原

俄罗斯
堪察加半岛

在开发中挣扎的天然土地

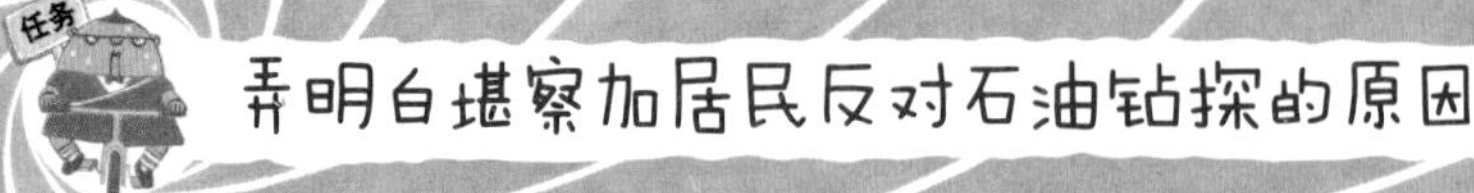

一大早，全家正狼吞虎咽地吃着糙米饭，爸爸突然发起火来。其实，爸爸是想吃帝王蟹，在发脾气呢。事实上，每天吃草，我们也烦了。所以，一家人都异口同声地叫着，要吃帝王蟹。

这时候，突然传来一阵巨大的爆炸声，飞船开始剧烈摇晃。我们非常害怕，全部躲到了饭桌下面。爆炸声停了之后，我们从饭桌下爬出来，透过窗户向外看，发现远处有一个火山。原来，我们听到的声音是火山熔岩喷发的声音。亲眼看到红红的熔岩奔流而下，我们既害怕，又觉得新奇。这个时候，里萨库出现了，并向我们说明了情况。

“这个地方是位于俄罗斯最东边的堪察加半岛。面积是朝鲜半岛的两倍，人口稀少，土地还没怎么开发过，所以得天独厚的自然景观得以保存了下来。这个地区不仅是棕熊，还是濒临灭绝的虎头海雕和北太平洋露脊鲸栖息的地方；韩国人喜欢吃的太平洋鳕鱼等，有 25% 在这里产卵；还有，你们喜欢吃的堪察加半岛巨蟹，又叫帝王蟹，也生活在这个地区。不过，2008 年的时候，韩国企业来到这里，想要在这个地方开公司，进行石油钻探。这个事件据说遭到了 95% 的原住民的反对。”

“为什么反对呢？打出石油的话，就能变富翁了。”

“今天的任务是：请你们找出三个堪察加居民反对石油钻探的原因。”

我们一出飞船，看到的不是白人，而是很多原住民。长相和韩国人差不多。我们走过去跟他们打招呼，说我们来自韩国。虽然，他们也热情地跟我们打了招呼，但不知道是不是受到了之前那家想要钻探石油的韩国企业的影响，好像对我们印象不是很好。我们问原住民为什么反对石油钻探，原住民克莱斯基把我们带到了他的家里，亲切地向我们说明了原因。

“要开发石油的话，就要建设道路、港口等基础设施。如果在这个地方发现了石油的话，依赖自然获得食物的原住民们，生活只会变得非常艰辛。”

爸爸附和克莱斯基先生说道：“我们去过尼日利亚，那里的人和自然环境，因为石油开发的原因，正经遭受着痛苦。”

“是的。所以在 2008 年，为了宣传石油钻探的不合理性，我们访问了韩

现在的堪察加半岛！

韩国曾经想要推进的石油钻探事业，据说因为 2008 年俄罗斯方面不再续约，实际上已经中断。韩国企业最终于 2010 年决定撤出堪察加半岛。曾经有报道称韩国的税收损失巨大。是不是很奇怪？结果居然是像堪察加原住民的预测一样，石油钻探并未成功，只有韩国税收遭受了巨大损失。

国。恰巧，我们访问的地区是2007年有过石油泄漏事故的韩国泰安地区。看到被黑色原油覆盖着的大海，我们非常担心堪察加居民会不会也经历这样的灾难。如果钻探过程中，石油发生泄漏的话，以后，我们就吃不到鲑鱼、鳕鱼、帝王蟹了。”

听了克莱斯基先生的话，爸爸激动地说：“太不像话了！原住民那么反对，而且石油泄漏的危险性又很大，居然还要开发！必须马上提出抗议！”

“事实上，我们去韩国访问的期间，街头见到的市民们都很支持我们，我们觉得特别感激。万幸的是俄罗斯政府方面提出取消和韩国政府的合约，石油钻探事业因此中断了。”

“谢天谢地。那么，可以简单地跟我们说三个反对石油开发的理由吗？”

“我们反对石油开发，只有三个理由。通过保护原住民传统生活、保护生态系统、保护水产资源这三点，确保粮食资源。不过，这件事不仅是为了生活在这个地区的原住民，也是为了生活在地球上的所有人。”

我们完成任务，想要离开的时候，克莱斯基先生拿出吃的东西，要我们吃了饭再走。竟然是帝王蟹！

吃到了很久没吃的帝王蟹，感受着蟹肉在嘴里慢慢融化，简直太美味了！而且，撇开里萨库，只有我们自己吃到了蟹肉，感觉味道更香了！

如果你热爱地球的话

1. 了解一下那些因为石油泄漏，导致自然环境被破坏的国家和地区。
2. 和家人一起外出的时候，不要开私家车，多利用公共交通工具。

国立公园的天国

15

生态复原

美国
约塞米蒂
国立公园

任务 不要留下野营的痕迹

我和麻包吃上的是草绿小学。麻包吃是一年级，我是三年级。草绿小学的所有班级都有一个博客，记录着自己班里发生的事。我们很久没看班级博客了，今天进班级博客看了一下，不知道我们不在的这段时间里，有没有发生什么有趣的事呢？可是，麻包吃突然发神经似的，哭了起来。

“什么呀，就丢下我一个人，学校里其他人都去野营了！他们要在小溪里抓鱼，还要吃烧烤，还要在帐篷里睡觉。肯定很有趣！可是，我们这算什么啊？”

基本上，这个时候，里萨库一定会出现。果然，他出现了，并且说道：“那么想野营的话，那这次任务就让你们去野营吧。”

“哇，真的吗？”

麻包吃和我只短暂地高兴了一下，马上又不安起来。里萨库没理由让我们自由自在去野营啊？里萨库不是总琢磨着怎么折磨我们嘛。

“我带你们去国立公园的天国——美国。虽然美国是世界上过度消费最严重的国家，但也是把国立公园的生态环境维护做得最好的国家。”

里萨库用瞬间移动超能力，带我

们来到了美国的约塞米蒂国立公园。约塞米蒂位于加利福尼亚东部的山区地带，风景和韩国差不多，是个温暖、美丽的地方。

“这边这位托马斯先生，他会和你们一起展开三天野营、冒险之旅。这次的任务是：三天期间，你们逗留过的地方，不能留下任何痕迹。托马斯先生会告诉你们方法。”

里萨库走了以后，我们环顾了一下四周，景色真的美极了。我们吃完托马斯先生带过来的食物，正想把吃剩的东西扔掉。可是，托马斯先生却把食物都装在了不知道哪来的铁制保管箱里。托马斯先生对我们解释说，闻到食物味道跑过来的鹿、熊，如果吃了塑料，堵在喉咙后，可能会窒息死亡，这样的事例经常发生。我们听了之后，大吃一惊。托马斯先生还说，甚至是掉在桌子上的一个豆粒，也不可以随地乱扔；漱口水也要单独装到铁皮罐里，带出公园之后再扔掉。我们按照托马斯先生嘱咐的，把剩下的食物和垃圾全都收拾干净，放进保管箱，扣上盖子，防止野生动物打开。

第二天早晨，我们已经睡醒了，可是一动也不敢动。一个巨大的灰熊，在我们睡袋旁边一个劲地“呼哧”。什么呀，我们吓得完全处于冰冻状态。

灰熊转头又去食物保管箱上一个劲地“呼哧”，实在打不开，才慢悠悠地走了。哎哟，所以才要我们把食物放到保管箱里啊！托马斯先生看着我们，松了一口气，说道：“你们很冷静，做得很好。灰熊非常危险，所以绝对不能刺激它。”

近距离看到了鹿，现在还看到了熊，真切地感受到了自己身处自然当中。

“回到韩国以后，要是告诉朋友们我差点被熊抓去吃掉了，他们肯定不会相信。”

听着麻包吃激动地说完，托马斯先生笑着说道：“希望有一天你们在韩国的山上也能看到熊。当然，那一天不会自己到来。还需要当地居民、国立公园管理处、学者们的共同努力。”

野营的时候，想要不留下一点痕迹，比起之前预想的，需要更多的努力。不过，我觉得如果想要给后代留下一个干净、美丽的约塞米蒂，这种程度的努力是理所当然的。野营结束以后，我们把放在食物保管箱里的所有垃圾，一点不剩地全部装到背包里，带出了国立公园。回到韩国以后，我一定要把这个办法告诉朋友们。这才是真正的野营嘛！

如果你热爱地球的话

1. 在山上或者田野里野营的时候，要清理好垃圾。
2. 不管在山上、江边、海边，还是哪里，都要珍爱自然。

由于气候变化，岛屿正在沉没

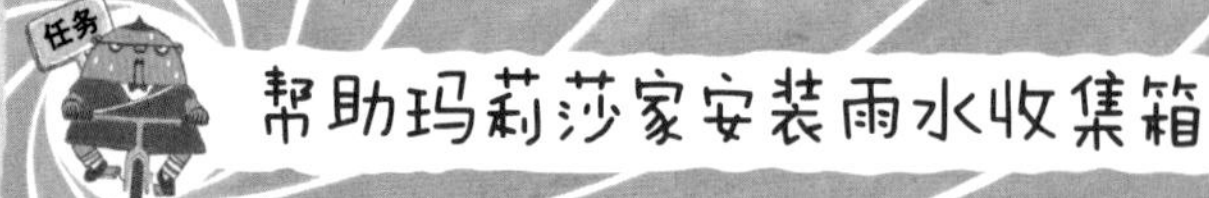

“姐姐，快起床，看！大海，是大海！”

没人叫麻包吃起床，怎么一大早就起来了？一个人趴在窗户上，还一个劲地又蹦又跳。我也跟着往窗外看去，这是怎么回事！绿宝石般的大海像一幅画一样，展现在我们面前。我掐了一下麻包吃的脸：“我们难道已经死了，到了天国啦？”

“啊！疼！为什么掐我？”

麻包吃还能感觉到疼，看来我们还没死。我们立刻叫醒了妈妈和爸爸。然后，从旅行包里翻出了泳衣和充气游泳圈。我们想在里萨库出现之前，玩一小会儿，所以疯狂地往游泳圈里充气。可是，游泳圈还没充好气，里萨库就出现了。坏透了！

“这个地方叫图瓦卢，是南太平洋上，一个很小的岛国。因为受到气候变化的影响，这个国家，是这个地球上处境最困难的国家，说不定50年以后就会从地球上消失。”

听到“不知道什么时候就会被大海淹没”这句话，想要玩水的兴致，一下子消失了。里萨库真是天生具有让人扫兴的才能。

“那么，今天的任务是什么？”

“今天的任务是：帮助这个地方的原住民小朋友玛莉莎家安装雨水收集箱。”

我们把巨大的雨水收集箱装到车上，开往玛莉莎家。因为上一次的台风，玛莉莎失去了父母，现在和姐姐、哥哥一起，生活非常艰辛。我们问玛莉莎为什么需要雨水收集箱。

“海平面一直上升，海岸的土地逐渐被侵蚀，连巨大的椰子树也被连根拔起来。土地和树木逐渐消失了，就蓄不了水了。现在，如果不用雨水收集箱收集雨水的话，就连喝的水也没有了。如果收集箱里的水也不够用的话，可以去接那种由海水转化成的淡水，不过那是要付钱的。”

“原来是这样啊，肯定很累吧。”

“其实，虽然淡水不足也会让我们生活艰辛，但更可怕的是每年2—3月份发生的天文大潮。天文大潮是指非常高的波浪。每年的这个时期，海水会灌进家里，我们必须把灌进家里的海水清理干净，还要把被水淹了的家具弄出来。而且，波浪的高度逐年增高，被水淹没的地区也在逐渐扩大。”

帮助玛莉莎家安装好雨水收集箱，回到飞船之后，我们一直在想，还可以帮助玛莉莎做些什么事呢？

现在的图瓦卢！

据说2011年，图瓦卢最大的问题是：水资源不足。因为长期干旱导致的严重缺水现象，图瓦卢政府还曾在2011年10月份，宣布国家处于紧急状态。新西兰政府和澳洲政府还因此为图瓦卢提供了100万升水。以这次事件为契机，国际社会为帮助他们更换陈旧的家庭雨水收集箱、扩充海水的淡水化设施，做出了巨大努力。

“图瓦卢、图瓦卢、用两只脚、用两只脚（译者注：韩语当中“用两只脚”和“图瓦卢”的发音相似）……啊，想到一个好点子！”

麻包吃突然叫了一声。

“我们可以为图瓦卢举办一次倡议双脚行走活动。怎么样？好点子吧？”

倡议大家不开汽车，用双脚行走的“双脚行走活动”，虽然是麻包吃想出来的点子，不过，确实是不错的想法，我们也为他能有这样的想法，大吃一惊。我们按照麻包吃所说的，在“乌库达斯人物”网站上，发布了一个题目叫“为了图瓦卢，一起用双脚行走吧！”的文章，还配上了照片。

很多人读了这篇文章之后，回帖说，感受到了图瓦卢的悲伤，会努力减少温室气体排放。一想到玛莉莎生活的那个美丽小岛图瓦卢会永远消失，我们就觉得非常遗憾。虽然只能帮到玛莉莎一点点，我们也觉得非常开心了。

1. 收集日常生活中用过的自来水，用来浇花或者洗抹布等等。
2. 像麻包吃一样，把图瓦卢处于危机中的文章上传到班级博客里。

运用太阳能发电的岛上居民

任务 了解免费用电看电视的方法

“啊，想看电视！想看‘Working Man’！想看‘无限傻瓜’！想看足球比赛！”

我们已经超过6个月没看电视了。因为想看电视的话，就必须踩自行车发电。可是，每次做完任务，我们一家人总是累得要死，要我们踩自行车发电，还不如不看。不过，里萨库今天却这样说：“有一个办法，不用踩自行车，也能轻松发出电来。”

“真的吗？怎么做？”

“今天的任务是：去秘鲁学习我刚刚说的发电方法。那么，你们明天就可以用那个方法看电视了。”

“秘鲁，就是那个以印加帝国遗址闻名天下的地方吗？”

“是的。你们去秘鲁的普诺市，就能找到我刚刚说的发电方法了。”

一想到能够一整天看电视，心里就激动不已。不过，应该没有那么简单的方法吧，毕竟，里萨库的话不能百分之百相信。普诺是位于秘鲁和玻利维亚接壤处的边境城市，中间还夹着一个的的喀喀湖。听说人们就生活在的的喀喀湖中，一个用芦苇建造而成的小岛上。原住民导游保罗先生带我们上了小岛。我们到了岛上发现，不仅是房子，所有东西都是用芦苇做成的。连饭也是用芦苇烧火做成的。这样的地方，好像用不到电吧。

接着，保罗先生说要带我们参观一下房屋内部，让我们进了一间用芦苇做成的房子里。可是，这是怎么回事？孩子们在家里看电视呢！我们吃惊地问保罗："这是怎么回事啊？"保罗笑着指向房屋外面朝向天空安装着的、一个木板模样的器具，对我们说道："那就是太阳能电池板。那上面挂的密密匝匝的小镜子，可以吸收阳光，制造电能。有了电，人们就可以看电视了。这个地区的日照量充足，所以，只要有这么一个小板子，危险的核电站、会排放二氧化碳的火力发电厂，就都不需要了。"

"那么，只要有了太阳能电池板，用电就是免费的咯？"

"当然。只要太阳不消失，这种能源可以永远使用下去。而且，

还不会制造环境污染，应该没有比这个更好的方法了吧。”

“哇！那么，只要有了那个太阳能电池板，我们也可以不花力气，看到电视啦！”

我们好像找到了印加帝国的黄金宝藏一样，高兴极了。一回到飞船上，我们就让里萨库给我们弄了一个太阳能电池板。可是，当我们把太阳能电池板安装到电视上之后，太阳就下山了。

只能等到明天再看了。虽然也期待看到电视节目，不过我们更想知道：利用太阳光，是不是真的能打开电视。我们像期待郊游的小孩子一样，心潮澎湃，好不容易进入了梦乡。电视，你等一下哦！太阳电能就要来啦！哈哈！

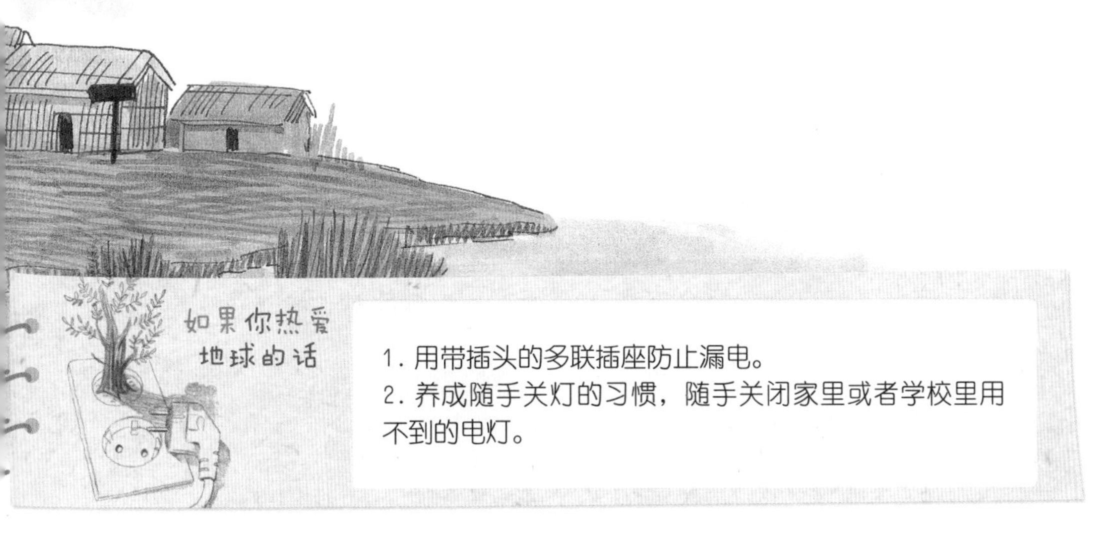

如果你热爱地球的话

1. 用带插头的多联插座防止漏电。
2. 养成随手关灯的习惯，随手关闭家里或者学校里用不到的电灯。

热带林正在消失

搞清楚这种“从田里挖出来的黑色黄金”棕榈油的真实面貌

我们用太阳能电池板看到了电视。可是，感觉缺了点什么。

“想吃冰激凌！”

“爸爸，我们什么时候能吃到冰激凌啊？”

“任务全部成功以后，应该就能吃了吧。在那之前，应该很难吃到吧。唉！”

我们正失望地叹着气呢，里萨库推着一个巨大的手推车，走了进来。手推车上装满了冰激凌、巧克力等等各种饼干、点心。我正想着：发生什么事了？麻包吃已经拿起了一个巧克力冰激凌。

“哇！是我喜欢的！开动！”

麻包吃正要打开冰激凌盖子的时候，被里萨库快速地抢了过去。

“等一下！吃这些东西之前，先要完成今天的任务。你们知道这些冰激凌和饼干里面共同含有的成分是什么吗？”

当然不知道啊。里萨库也太高看我们了吧？

“它们都含有棕榈油。棕榈油又叫作棕油，是饼干，还有啤酒、冰激凌、化妆品的主要原料。今天的任务就是：搞清楚生产这种‘从田里挖出来的黑色黄金’棕榈油的农场有什么问题。”

我们下飞船的地方，是具有地球上最后的开拓地之称的巴布亚新几内亚。来自环境保护团体的拉乌米先生，向我们说明了这个地方的情况。这个地方不仅有丰富的热带林和珊瑚礁；还栖息着700多种鸟类、200多种哺乳类，生长着1500多种树木、700多种植物；还生活着会唱歌的狗、世界上最大的蝴蝶。是一个非常奇妙的岛屿。

然而，现在，很多森林正在被破坏，都是棕榈油农场造成的。据说出口到全世界的棕榈油是巴布亚新几内亚的主要收入来源。

“最近，因为备受瞩目的、用棕榈油制成的生态燃料代替石油方案，棕榈油被叫作‘从田里挖出来的黑色黄金’，热带林破坏也随之加快了。”

我们去棕榈油农场看了看。比我和麻包吃还小的小孩子们，也不上学，在农场做摘棕榈果的活儿。

“规模这么大的农场，生产出来的棕榈油，绝对不可能成为环保原料。不仅破坏森林，还会破坏植物物种的多样性，农场里用的农药

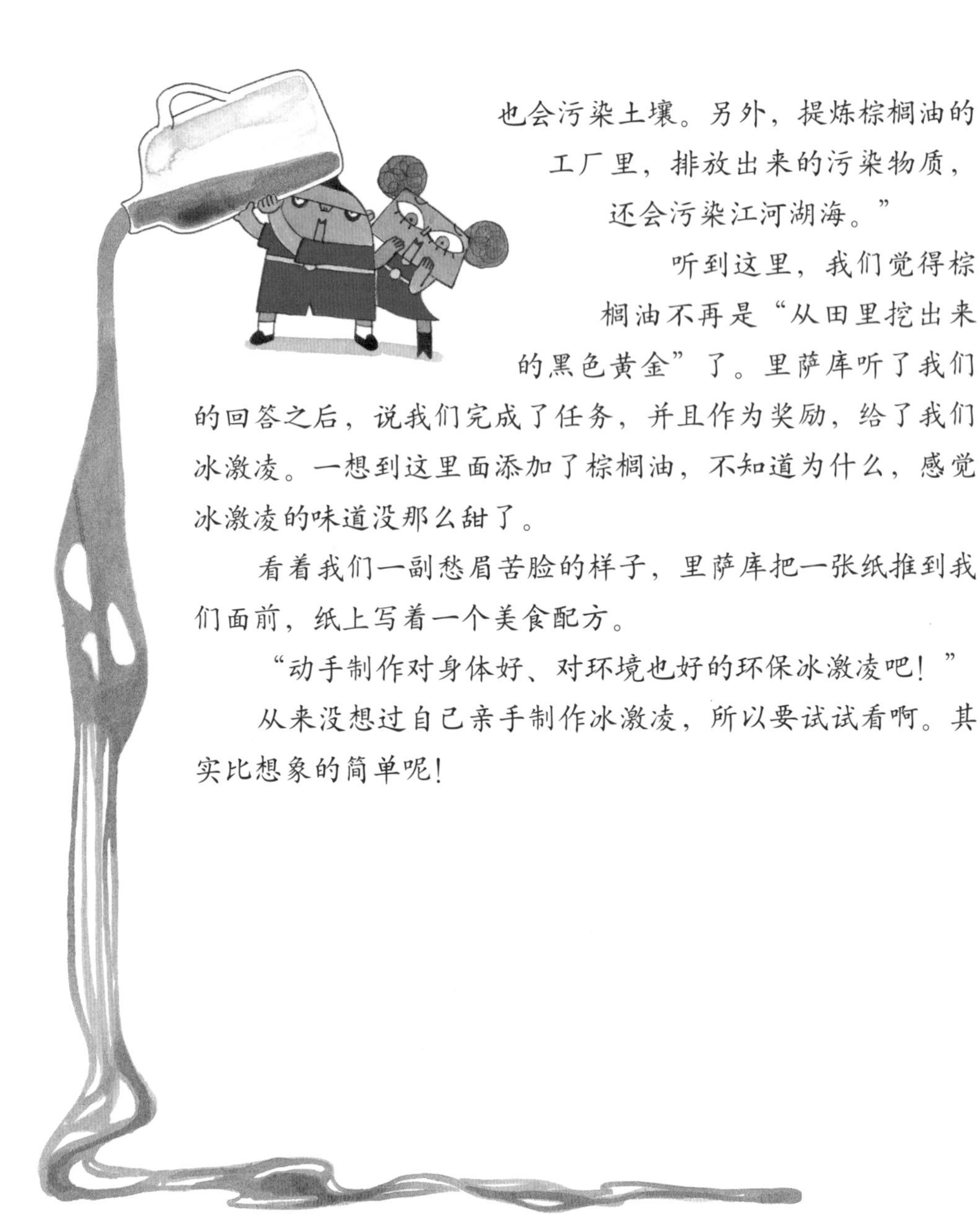

也会污染土壤。另外，提炼棕榈油的工厂里，排放出来的污染物质，还会污染江河湖海。”

听到这里，我们觉得棕榈油不再是“从田里挖出来的黑色黄金”了。里萨库听了我们的回答之后，说我们完成了任务，并且作为奖励，给了我们冰激凌。一想到这里面添加了棕榈油，不知道为什么，感觉冰激凌的味道没那么甜了。

看着我们一副愁眉苦脸的样子，里萨库把一张纸推到我们面前，纸上写着一个美食配方。

“动手制作对身体好、对环境也好的环保冰激凌吧！”

从来没想过自己亲手制作冰激凌，所以要试试看啊。其实比想象的简单呢！

1. 减少食用快餐食品的次数。
2. 不管是食物还是学习用品，需要多少买多少。

回到森林来，远东豹

17

森林

俄罗斯
沿海州

一大早，飞船里突然传来警报声。我们看了下闹钟，还没到6点呢。突然，电视打开了，里萨库出现在画面里。突然之间，出什么紧急任务啊？滨海边疆区又是哪里啊？

我们在一个叫作沿海州的滨海边疆区生态中心的地方，下了飞船。这个地方的负责人维克托所长迎接了我们。

“我们现在要去救援被猎人射中的远东豹，然后把它带回到这里来。走吧！”

“救援豹子？太可怕了！”

“不用担心。专业的救援队员会跟我们一起去。”

出发去救援远东豹的路上，维克托所长跟我们讲了很多事情。沿海州这个地区是远东豹最后的栖息地，但遗憾的是这里也只剩下30只

左右了。这可是整个地球上仅存的远东豹数量。远东豹逐渐变少，最大的原因是人类为了得到它们的皮毛，对他们进行疯狂捕杀。而且，豹子生活的森林也消失了。韩国在被日本帝国主义强占时期，日本军队说要清除对人类有害的动物，对远东豹进行了疯狂滥杀。现在，在韩国，连远东豹的影子也见不到了。

“现在最要紧的是：创造出适合远东豹生活的森林。以前，从这里到朝鲜半岛的白头大干，是连绵不断茂盛的森林，是最适合远东豹生活的土地。但是，自从人类开始建铁路、安装运输天然气管道，就有大量树木被砍伐；人类还说要开荒种地，把整座山都变成了耕地；后来，还起过山火。到 20 世纪 70 年代为止，远东豹的栖息地就已经消失了 80%。另外，再加上偷猎者的捕杀等种种原因，导致远东豹的个体数量迅速减少，几乎处于濒临灭绝的状态。”

我们到达的时候，中枪的远东豹正在痛苦地呻吟。救援队员迅速将远东豹的眼睛遮上，进行麻醉，然后装进车里，带到了医院。医生说，这只豹子非常幸运地捡回了一条命，但是能否回到丛林中去，还要看它的治疗情况。

“射击远东豹的猎人是偷猎者吗？”

“不是，这个地区强力限制猎杀濒临灭绝的自然保护动物——远东豹。开枪的猎人说，他在捕杀其他动物的时候，看到了这只远东豹，因为害怕，才开的枪。”

“远东豹会攻击人类吗？”

“不会。远东豹害怕人类，绝对不会先攻击人类。所以，它们也不常出现在人类面前。只要稍微了解一下远东豹的习性，就不会发生这样的事了。真是太可惜了。”

我们听了维克托所长的话，非常遗憾地问他：“我们能为远东豹做点什么吗？”

“种树吧。以我们生态中心为首的环境保护运动团体，从2011年4月30日开始，正式开启种树活动。到2012年为止，我们已经种了100万棵树了。森林想要变得像以前一样茂盛，这些还远远不够。不过，一直到这片森林的主人——远东豹回来的那天为止，我们会继续努力种树。”

我们一家人为了远东豹能重回森林，种了20棵树，还为那只被猎人打中的远东豹做了祈祷，希望它能完全恢复，重新回到这个郁郁葱葱的森林里来。远东豹，加油！

1. 了解一下自己居住地附近的山里，生活着哪些野生动物、野生植物。
2. 思考一下，怎么做才能让自己周边的动植物生活在和平中。

18

贫困

菲律宾马尼拉

生活在垃圾堆里的人们

早上起床以后，我们发现窗外有椰子树和华丽的酒店。可是，仔细一看，居然是我们上次度假住的酒店。

“妈妈，这里是菲律宾吧？去年夏天，我们不是来度过假嘛！”

“真的是！怎么来这个酒店了？”

这个时候，里萨库给我们拿来了不知道从哪里弄来的衣服，要我们换上。我们看了看，是酒店的员工服。

“对酒店里的垃圾进行分类收集，是你们今天的任务。”

我们换上衣服，来到酒店后面堆积垃圾的地方。之前住在这里的时候，没想过酒店房间里出来的垃圾量会比想象的多这么多。我们就这样，做了一整天的分类收集。除了可以再回收利用的垃圾，我们要把需要运到垃圾场的垃圾，都单独挑出来。

垃圾车走了以后，我们正打算休息一下。可是，麻包吃不见了。一定是打瞌睡的时候，被垃圾车带走了。我们赶忙借了一辆三轮车，跟在垃圾车后面追。垃圾车渐渐离开了马尼拉，向海边开去。一路上，

我们看到了垃圾堆上随意搭建的板房，难闻的气味开始刺鼻而来。

越往村里走，恶臭越严重。我们紧紧捂住鼻子，屏住了呼吸。恰巧村里人都聚在一起开会，我们决定过去问问情况。

“这里是堆卸城里人扔的垃圾的地方。这里的人很贫穷，靠在垃圾堆里捡些废铁等东西，挣生活费。虽然很多人因为垃圾里发散出来的各种有害物质生了病，但因为贫穷，也只能这样继续生活着。

不仅如此，现在又因为气候变化，环境灾难变得更多了，每年要刮几次台风。本来就是随意搭建的房子，常常顷刻间就倒塌了。实际上，贫穷并不只是这里人的错。生活富裕的人越贪婪，越挥霍，贫穷的人就越贫穷，

现在的菲律宾！

菲律宾有500万左右的城市贫民，有60%的国民处于贫困层。因为岛屿较多，所以菲律宾有很多渔民。近来，由于以韩国为首的几个国家的渔民，涌过去进行大规模捕捞活动。所以，真正的菲律宾渔民们捕不到什么鱼。因此失去工作的渔民们，逐渐成为城市贫民。

只能生活在被污染的环境中。”

就在这个时候，我们看到脚边有一个被吹得滚来滚去的黄色塑料袋，是我们去年来菲律宾的时候，去的那家豪华购物中心的塑料袋。这个垃圾就像是我们扔掉的一样，我们的脸一下子变红了，头上直冒冷汗。正当我们不知所措的时候，一位叫萝丝的大婶笑着说道：“我们今天聚在一起开会，是研究怎么维持村里人共同的生计，想要构想一个可以改善环境状态的事业。而且，大家也在收集意见，希望这次选举中，能选拔出一位注重环境和经济共同发展的政治家。”

我们正在听萝丝大婶讲话呢。突然，大婶身后出现一个人，向我们走过来。是里萨库！他的背上怎么背着一个小男孩？

“麻包吃！”

我们被垃圾村的恶臭熏得头昏脑涨，一时间竟然忘记了我们是来找麻包吃的。不过，麻包吃正在里萨库背上，睡得正香呢。真是不可理喻的小子。里萨库像演讲似的，说因为我们的麻木不仁，引起了气候变化和环境灾难，导致其他人遭受痛苦。我们被说得什么话也说不出来。因为里萨库的每一句话，都说得我们胸口像针扎似的疼。而且，他还帮我们找到了麻包吃。看起来，他也不是那么坏嘛。

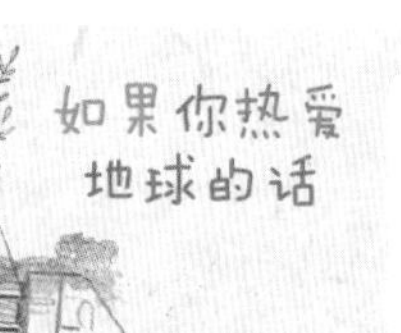

1. 去旅行的时候，要尊重当地的人和他们的生活方式。
2. 去旅行的时候，在当地的传统集市买东西。

种树的人

任务 在村里的小山上植树

“啊啊啊！”

我惨叫着从睡梦中醒来。我梦到自己掉进了垃圾海里，在里面拼命挣扎，差点死了。听到我的叫声，家人都惊醒了。哦，除了麻包吃。

“麻爱扔，没事吧？看你这一头冷汗！”

妈妈担心地帮我擦掉了额头上的汗。

里萨库走进来说：“看来是昨天的任务太累了。今天给你们一个非常轻松的任务吧。像上次在俄罗斯一样，种树。每个人种 10 棵树就可以了。”

“哼，你以为种树那么容易吗？种 10 棵树就要挖 10 个坑啊！”

我们今天种树的地点是非洲肯尼亚的基库尤人部族生活的村落。

植树的方法

刚从飞船上下来的时候，因为风沙太大，甚至没办法往前走。据说，这是因为森林资源不足导致的荒漠化现象。

恰巧基库尤人部族的人们，正在村里的小山上种树。我们每个人都分到了10棵树苗，各自开始执行任务。认认真真种了10棵树，心情也变好了，和一起种树的芬妮也变熟悉了。芬妮邀请我们去她家做客。

令我们吃惊的是：小学二年级的芬妮，提着水，走了4个小时的路。而热情的芬妮妈妈还要我们洗澡。我们感动不已，但还是郑重地谢绝了。在这种连喝的水都不够的地方，洗澡可就太不像话了。突然，外面传来“啪嗒、啪嗒”的声音。我们往外一看，下雨了。芬妮蹦蹦跳跳地大声喊道：“哇，下雨了！下雨了！我们种的树要活了！都是托麻思冷一家人的福。我们村里有句古话，说是‘有贵客来的话，就会下雨’。”

我们听得稀里糊涂，不过不管怎么说，这里的水这么珍贵，能下雨，我们也非常高兴。

“可是，芬妮啊，种了这么多树，可是水还是不够，有什么用呢？”

“最开始提议种树的人是环保部长，也是2004年诺贝尔和平奖的获得者，她是旺加里·马塔伊女士。因为气候变化，土地干涸，渐渐地，山和田野也变成了沙漠，缺水现象也更加严重了。

种了树之后，就算刮风，也不会尘土飞扬了；下雨的话，树木吸收了雨水，荒漠化的速度也会变慢；而且，树木吸收雨水，还能防止山体滑坡；能成为野生动植物的栖息地；能为我们带来凉爽的树荫；能给我们创造清新的空气。它们的存在可是非常宝贵的，也是让我们觉得非常感恩的。”

“哇，芬妮，你完全就是林木博士啊！真棒！”

“哪里呀，这么点小事。在我们村里，这可是常识。呵呵呵。”

我们问芬妮：“没有自来水，用接的雨水洗漱；没有电，在煤油灯下学习。你和你的朋友们不觉得不方便吗？”

芬妮咧开嘴，笑着说道：“哈库那马他他！”

这是肯尼亚人使用的斯瓦希里语，意思是“没问题”。

1. 在家里种植小型植物。
2. 给客服中心打电话，让他们不要再寄广告信件了。

19

能量

日本
福岛

原子能发电站危害地球

任务

帮助福岛少年鲁里寻找失踪的小狗

“这里是日本的福岛。”

早上一起床，就听到里萨库说出这么晴天霹雳的话。

“福岛？不是那个因为核电站事故，被辐射污染的地区吗？我们再怎么无知，这些还是知道的！”

“对。那里非常危险。核电站周围20千米内，都是禁止出入区域。我们现在到达的地方是靠近福岛的、一个叫南相马市的地区。今天，我们来这里是为了见请求我们帮忙的委托人。”

我们从飞船上下来的时候，一个日本小男孩正在等我们。

“你们好，我叫鲁里。我以前住在福岛。因为核电站事故，现在家搬到了东京。当时急急忙忙地搬家离开，我的小狗白根丢失了。我想找到它。”

“哎呀，太可怜了，我们一定帮你找到它。”

我们借了一辆小型车，拿着白根的照片，四处转了一圈。虽然说当地设施复原了不少，但是只要朝向禁止出入的那边看过去，那天发生的可怕的事故残骸，仍然原封不动地躺在那里。鲁里向我们讲述了那天发生的一切。

“有一天，突然间，我们听到一声巨响，天空好像要塌下来一样。教室里的时钟掉了下来，书架也倒了，到处都是惨叫声。妈妈、爸爸来学校接我。家已经塌了，所以我们不得不去

村民会馆睡觉。后来，有一群穿着白色衣服的医生过来，用一个非常神奇的机器在我身上扫了扫，然后就说了一句‘没事’。

那几天，新闻里说核电站自己停止工作了，不过没有任何问题。但是，妈妈、爸爸突然说要搬家到东京去。就这样，在搬家的时候，弄丢了白根。朋友们也都搬走了，我很想他们。要是没有核电站事故，就不会发生这样的事了。”

鲁里说着说着，眼睛里充满了泪水。我们拍着鲁里的肩膀，对他说道：“打起精神来！我们要快点找到白根！”

就在我们说话的时候，麻包吃看着窗外叫起来：“啊，小狗！可是，不是白色的，是灰色的。”

我们下车追了过去，那是一只浑身沾满灰尘的白色尖嘴丝毛狗。鲁里一边叫着白根的名字，一边向它靠过去。刚开始，小狗有点戒备，但不一会儿就向鲁里跑了过来。而且听出了鲁里的声音，摇着尾巴在鲁里身边转来转去。就是白根！我们把鲁里和白根带

现在的日本！

福岛核电站事故发生在2011年3月。但至今为止，因为辐射物质的存在，仍然无法顺利进行复原。听说福岛的天空、土地、海洋都被辐射覆盖着；福岛的蔬菜和牛奶也因为辐射的原因，无法食用；海里抓上来的鱼的辐射值也超过了基准值。

到飞船上，送他们去了东京。真幸运，终于找到了白根。

“那你们一家人什么时候可以重新回到福岛呢？”

“可能我到30岁也回不去了。说不定是永远……听说，1986年，俄罗斯的切尔诺贝利也发生过核电站事故，那个地方到现在还不能进入呢。”

听了鲁里的话，我觉得核电站真是一个可怕的地方。想到这个地球，到处都有核电站，像是放了定时炸弹一样，让人浑身毛骨悚然。核电站真是一个可能毁灭地球的存在。

1. 使用比日光灯寿命更长、电力消耗更少的LED灯照明。
2. 要知道节能产品标识、有机农产品标识。

什么？用日光做饭？

19

能量

印度
古吉拉特邦

任务 用太阳灶做咖喱饭

“哎哟，哎哟。”

睡梦中听到有人呻吟的声音。我起床一看，爸爸把被子裹得严严实实的，满头冷汗。

“爸爸，哪里不舒服吗？”

爸爸说，可能是很久没开车了，昨天在福岛一下子开了很久的车，所以身体不舒服。我和麻包吃去找里萨库，跟他说爸爸不舒服。爸爸生病了，虽然我也很担心，但其实我满心期待着今天可以不做任务。可是，里萨库好像是完全没有感情的机器人一样，对我们说道：“今天的任务，你们要连爸爸的那一份也一起做了。这里是印度的古吉拉特邦的穆尼赛巴阿虚拉姆村（译者注：Muni seva ashiram，该村庄名无法考证，为音译），今天的任务是帮助生活在这里的老人们做一顿咖喱饭。”

里萨库若无其事地将一个巨大的锅，还有一个装满各种蔬菜和大米等食材的手推车放到我们面前。妈妈要看护爸爸，所以只有我和麻包吃两个人推着那个巨大的锅和食材下了飞船。

离开飞船之后，我们才突然发现没有燃气灶。怎么这样啊！

我们苦思冥想之后，决定捡些木头来烧饭。可是，用木头点火并不容易。木头里冒出很多烟，我们被呛得不停咳嗽、流眼泪。有个叫迪帕克的印度少年走过来，问我们发生什么事了。听了我们的回答之后，他指着一个长得很像电视天线的东西，“扑哧”一笑。

“不需要点火的。只要有那个太阳灶，就万事OK啦！”

“那是什么啊？”

“太阳灶。利用了放大镜的原理。把阳光采集到一处的话，会非常烫，能马上燃烧掉纸张呢。”

“哇！真新奇！”

他说，印度有4亿人无法使用到电。再加上，乡下非常贫穷，别提电了，连天然气和石油都很难找到。但是，只要有了这个太阳灶，就算没有电、没有天然气、没有石油，也可以毫无障碍地做饭。

是不是很吃惊？但，更令我们吃惊的是：据说，这个东西连1克温室气体也不会排放。本来做一顿饭，要捡木头、生火，得花几个小时的时间，而现在就不需要那么麻烦了。而且，用木头或者牛粪做饭的话，会产生对

现在的印度！

印度政府为了解决能源缺乏的问题，是世界上最早创立“新生能源部”的国家。据说他们要在未来十年期间，制造出太阳能发电机，生产出比现在多几千倍的电能，还要在乡村安装2000多万个太阳能路灯。例如，印度的维瑟尼巴里帕里村（译者注：Bizani varipari是安得拉邦的一个村庄名，具体村庄名无法考证，为音译），安装了26个太阳灶，可以满足村里所有人的做饭需求。这个村子在世界上也很出名，有一个别称，叫“无烟村”。

身体有害的一氧化碳烟气。太阳灶却不会排出这样的烟气。

迪帕克让我们把咖喱调料交给他做。我们把食材切好之后，放到锅里，倒上水，然后放到太阳灶上。不一会儿，咖喱就开始沸腾了。这个太阳灶真像有魔法一样。

做好咖喱之后，我们直接把咖喱饭送到了村子里行动不方便的老人那里。看到老人们吃得很香的样子，我们心里不知道有多么充实。

因为想着生病的爸爸，所以我们任务一完成，就带着特意为爸爸留的咖喱饭，回到了飞船上。爸爸吃到我们做的咖喱饭的时候，眼睛瞪得圆圆的，说："好吃极了。"我们对爸爸说，希望他快点好起来。因为只有我们自己做任务，真的太难了。

1. 和朋友一起去了解一下，有哪些东西是利用天然能源的。
2. 做一张自己小区的地图，了解一下自己小区里使用太阳能的家庭，然后在地图上标识出来。

20

环境灾难

韩国
泰安半岛

韩国西海岸流过的黑色泪水

任务

告诉大家“河北精神号溢油事故”还在处理中

早上一起床，往窗外一看，我们对眼前的风景非常熟悉。这里是韩国千里浦海滨浴场啊，我们来环境保护之旅的前一个夏天，来玩过的。我们回韩国啦！我们一家人高兴地抱着小毛毛跳了起来。就在这个时候，传来了里萨库生硬的说话声。

“至于这么高兴嘛。今天只是为了执行任务，顺道来一趟而已。包括今天的任务，你们还剩下六个任务要执行。不要忘记了，只有完成所有任务，你们才能回家。如果你们再失败一次，会怎么样，你们应该比我更清楚吧。”

喜悦的心情只是暂时的。再失败一次的话，不要说韩国了，就连地球也待不了了。想到这里，感觉头发都竖了起来，心脏缩到了一起。

“众所周知，2007年12月7日，韩国泰安

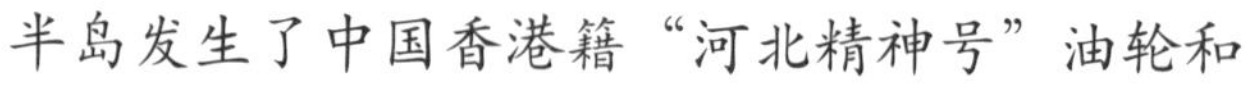

半岛发生了中国香港籍“河北精神号”油轮和韩国企业的拖船相撞的事故。这次事故中，超过1万吨的原油泄漏，使海岸线167千米以内都受到了影响，造成了巨大的损失。过去这么多年，这次事件已经被很多人淡忘了。但是，如果忘记这类事件的话，就可能再发生这样的事。你们去村里调查一下，看看到

现在为止，村民们还在承受着什么样的痛苦。然后将实际情况写成文章，上传到‘乌库达斯人物’上。这就是今天的任务。”

我们从飞船上下来之后，察看了一下泰安半岛。事发当时，有无数居民和海警，还有187万名志愿者前来清理海滩，他们搬开海边的每一个石头擦干净，还努力救活濒临死亡的鸟类。但是，地球的伤痛好像并没有消失，仍然留在这里。

我们在村子里，见到一位叫英洙的老奶奶。她以前是靠挖贝壳生活的，但现在已经不挖了。她告诉我们，有很多人因为这里太辛苦而离开了。只是一次事故，却使得生活在这里的生物种类减少了1/5。除了可以看得到的损失，其实，居民的内心也受到了巨大的伤害。因为他们失去了在自己的故乡，和子女们和和美美地生活在一起的梦想。

导致这次事故发生的韩国某企业，只支付了可怜的56亿韩元。说要为了地区发展再出一份资金，最终也没有兑现。这时候，我们恰巧遇到了一位来这里调查的环境保护者。我们听了他的想法。

“不久前，有消息称，2010年引

现在的韩国！

每年，污染韩国海域的石油量，可以让一辆汽车从首尔开到釜山超过18 200次。2007年河北精神号溢油污染事故，是韩国发生的事故中，规模最大的。漏到海里的石油，可以让一辆汽车绕着地球转448圈。

发‘美国墨西哥湾原油泄漏事件’的炼油公司BP就事故达成协议，光罚金就达到了45亿美元（约5兆韩元）。除此以外，BP公司还为了处理原油泄漏造成的损失，总计花费了约230亿美元；还要向蒙受损失的企业和个人支付高达数十亿美元的补偿金。与‘河北精神号溢油污染事故’中，我们韩国企业只支付56亿韩元罚金，没办法相提并论。

这种事件发生后，罚金具有非常重要的意义。这些罚金是用来补偿居民损失和复原环境的，但同时也是为了提醒企业格外注意，不要再发生这样的事。”

听了居民和许多不同人的想法之后，我们的结论是：“河北精神号溢油污染事故”仍然没有结束。我们认为，如果不对这起事件给予充分关注的话，不能保证以后不会发生类似事件。

我们把这件事情的实际情况，写成文章，上传到了“乌库达斯人物”。很多人看了文章之后，这样说道：“大家不要忘记‘河北精神号溢油事故’还在处理中呢。”

1. 一次事故，却让无数人和动植物受害。这样的事故有哪些？
2. 想要预防环境灾难的话，必须知道哪些常识？

受重金属污染的土壤，是环境教育平台

20
环境灾难
日本
水俣市

任务 做一天一日环境导游

自从上次做任务，回了一趟韩国泰安半岛之后，我们好像突然得了思乡病，更加想念韩国了。同时，也开始发愁，不知道应该怎么做，才能不让泰安半岛原油泄漏事件这样的类似事件再次发生。

“在日本，有一个地方，以这种环境灾难为契机，转变成了环保模范城市。”

里萨库的话音刚落，令人难以想象的，居然还没到一秒，我们就到了日本。

“这里是水俣市。水俣市以发生‘水俣病’而闻名日本。水俣病就是汞中毒产生的病。这种病在1956年发现，官方公布的死亡人数超过2200名，但实际上已经超过10000名了。虽然过去了50年，但到现在为止，仍然有很多人在和这种疾病作斗争。不过，以这次事件为契机，水俣市现在已经作为环保模范城市，闻名日本了。今天的任务，这位金子小姐会向你们说明。”

金子小姐在日本是做环境保护运动工作的。她非常亲切地微笑着迎接了我们。

“这个城市曾经发生过那么可怕的病，是怎么变成有名的环境保护模范城市的？”

“在清除海里的汞的过程中，优秀的环境技术被开发了出来。水俣市成功将这种环境技术工业化了。利用这项技术，他们首先对患病者进行了损失补偿；其次，摸索了患者和市民们可以共存的道路；最后，逐步推进水俣市成为最优秀的环境保护城市。”

“我们要完成的任务是什么？”

“我们建立了‘环境导游’制度，向来到这个地方的全世界人类，讲述我们经历过的一切。可以称作是一种环保观光商品吧？麻思冷家族的各位，你们将成为一日环境导游。”

我们拜访的地方是水俣病患者共同生活的古渡之家。听说，在这个地方，患者们可以和睦相处，一起工作、生活。据说，得了病或者残疾的人，最期望的是和其他人一样“工作”。

在这里，他们会做面包卖；也会以地区学生为对象，开书法教室。在这里，最重要的事是迎接来自世界各地的游客，然后告诉他们自己经历过的环境事件。其实就是发挥环境导游的作用。负责教我们的中本先生，虽

现在的日本！

日本，因为2011年福岛的核电站事故，又一次成了发生重大环境灾难的地区。在众多的环境灾难中，只要人类下决心，就能避免的事故还有很多。因为这次事故，日本决定停止大部分核电站的工作。他们通过可怕的事故领悟到：运用更加安全、干净的能源是多么重要。

然也是一名患者，却非常开朗。

“我们这里的居民，在事故中，亲身领悟到环境问题有多严重。所以，我们比任何一个城市的人，更加注重环保。但是，避免环境灾难最好的办法是预防。因为，只要发生一次事故，伤害真的很可怕，而且会一直持续很久。我们到现在，仍然要和疾病做斗争，漫长的诉讼也让我们很累。

因此，为了不让因为人类的欲望造成的环境灾难发生或变大，企业或者政府、市民们，都要做出努力。最重要的是：我们应该时刻铭记！人类和自然应该一起幸福地生活在地球上。”

我们一边认真地听中本先生讲话，一边记录。然后，向来到古渡之家的人们，讲述水俣市的故事。而且，我还在想：如果我能再回到韩国的话，一定要告诉韩国人这些事。

身为一日环境导游，是不是很酷啊？哈哈！

1. 找出将绝望转化为希望的正面事例。
2. 仔细观察一下，应该做些什么事，才能保护我们社区里自然环境比较好的地方。

21

江河

韩国
洛东江

人类让好端端的江染上了重病

结束任务，回到飞船上，我们正打算休息一下。里萨库急促地说道："我们现在必须紧急回一趟韩国。给你们一个紧急任务。"

"紧急任务？"

"刚刚，有人在洛东江的江边，发现失去妈妈的水獭三兄弟。今天的任务是救助水獭三兄弟，并代替它们的妈妈，好好照顾它们。"

我们来到了洛东江江边的屏山书院前面的滩涂，那里正在进行挖掘工作。我们和野生动物专家一起，急忙赶往发现水獭三兄弟的地方。我们在工地的角落里，见到了健康状况看起来不怎么好的水獭三兄弟。这几只水獭还只是小宝宝，因为虚脱了，连逃跑的力气都没有。

我们把水獭宝宝紧急送进了野生动物保护中心。然后，在水獭宝宝接受治疗的时候，问了野生动物专家"水獭妈妈去哪里了"等等各种我们想知道的问题。

"就像你们刚刚看到的一样，因为四大江水利工程的原因，江边的滩涂消失了，挖开河床的施工过程中，一定会产生很多种问题。这中间，也可能造成动物和它的幼崽分开的情况。"

"水獭不是天然纪念物吗？这么宝贵的水獭居住的地方，也可以挖开吗？”

“四大江水利工程的初衷是好的，是想让江水变干净。但遗憾的是，这种方式存在很多问题。”

无论什么事，在开始之前，应该先对这件事可能引发的问题做彻底的调查。可是，我们韩国最长的洛东江，在计划清理的时候，调查做得草草了事，自然会出现这样那样的问题。以水獭为首，还有松叶菊、丽斑麻蜥等 12 种生活在江里的国家保护动植物，正处于濒临灭绝的危机中。”

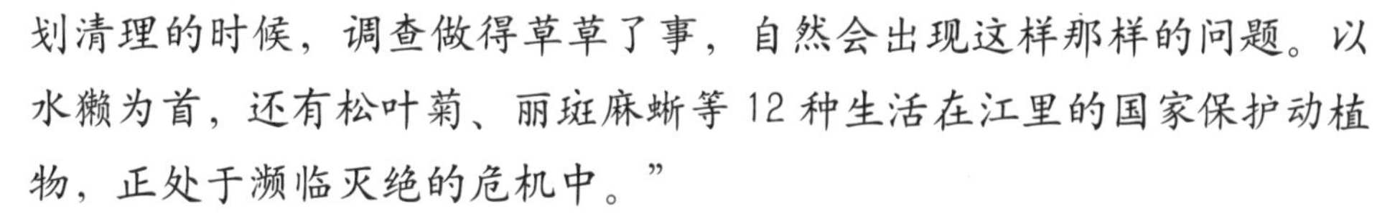

“哎哟，这么多动植物受到影响啊？”

我们感到非常惋惜。一直在旁边听着的水资源专家博士说道：“问题还不止这些。为了防洪治水，这里建设了 16 个水坝。本来是为了在夏季发洪水的时候，用这些水坝堵住大水，预防受灾的。但是，因为这些水坝，水质不断变差。今年夏天，洛东江上的绿藻异常严重，这绝对不是偶然。古话讲，‘流水不腐’，这是常识啊。而且，发洪水的时候，如果降雨量超出了水坝的蓄水量，受灾会更严重。”

“那么，相当于本来想要拯救江水的水利工程，反而害死了江啊。”

“所以说，这是件遗憾的事啊。”

我们担心地看着水獭宝宝。万幸的是，水獭宝宝打了点滴以后，安静地睡着了。

“爸爸，这些水獭宝宝恢复健康以后，也没有地方可以去了，怎么办

现在的洛东江！

2009 年 11 月开始的四大江水利工程，从最初施工开始的时候就有很多问题。100 多年以来，一直稳如泰山的“护国桥”也在四大江水利工程施工途中倒塌了。

啊？”

都怪人类，水獭受苦啦。

“这个嘛，希望政府不要再进行这种让江河受到损害的工程，不过……”

我们为水獭宝宝准备了吃的东西——把泥鳅切碎，做成辅食。水獭宝宝睡醒了以后，我们拿辅食给它们吃。还好，水獭宝宝食欲旺盛，把我们准备的辅食吃了个精光。我们和水獭宝宝玩了一会儿，又给它们准备了晚上吃的辅食，看着它们睡着了之后，才离开了野生动物保护中心。

回到飞船上以后，野生动物专家的话，还一直回荡在我的耳边，让我无法入睡。

“如果不停止这种错误的工程，我们在屏山书院前面的滩涂上看到的水獭宝宝们，也许就是最后的野生水獭了。”

1. 关注国家颁布的各项环境政策，和朋友们一起讨论。
2. 调查一下你所知道的湖是怎么形成的。

让硬邦邦的河道重新蜿蜒曲折起来

21

江河

德国
伊萨尔河

到德国的伊萨尔河，找出四大江水利工程问题的解决方法

我们从安东回来以后，还是很担心水獭宝宝们。所以，我们给野生动物保护中心打了电话。中心的人告诉我们水獭宝宝们饭也吃得很好，长得很健康。可是，我还是为水獭宝宝重新回到自然的事，感到担心。

“里萨库，为了水獭宝宝们，可不可以找到四大江水利工程问题的解决方法呢？”

“我会带你们到可以找到四大江水利工程问题解决方法的地方。你们到那里找到解决方法的话，就算你们完成了第 42 个任务。”

“嗯，好的。”

以前的环境保护任务都是没有办法、必须执行的。但是，这次任务可是我自己提出来的，所以我的斗志一下子燃了起来。

“我们到德国的伊萨尔河了。这条河横穿慕尼黑市中心，总长达 300 千米。希望你们能在这里找到解决方法。那么，下午 6 点见吧。”

里萨库走了以后，我们盯着伊萨尔河看了一会儿。这条河也太普通了吧。我们决定直接去找慕尼黑市民问问。在河边散步的老夫妇非常亲切地为我们讲解了伊萨尔河悠久的历史。

“伊萨尔河这一带，以前总是发洪水。所以，以前的人，为了避开洪水，自然不会住在河边了。但是，20 世纪初，随

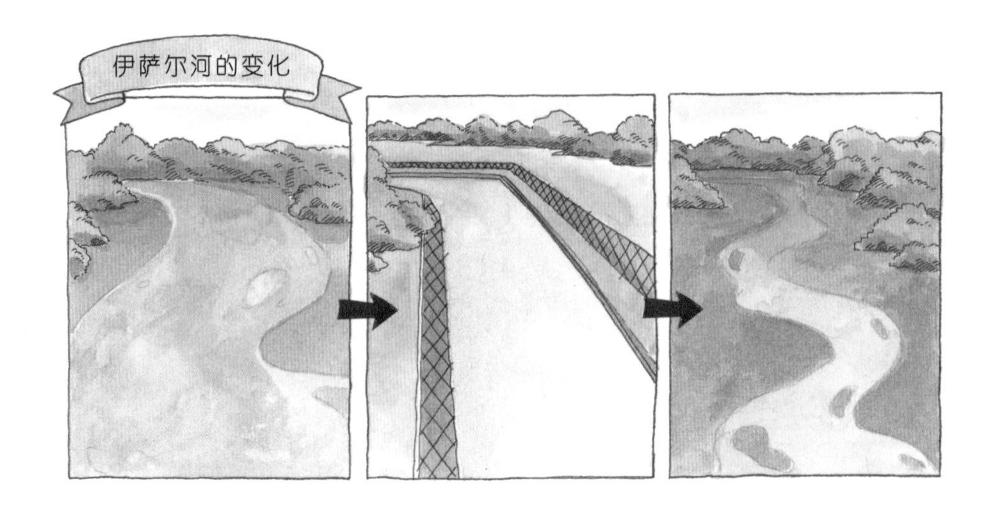

着工业化的发展，涌进城里的人，都聚集到地价比较便宜的伊萨尔河周围生活。之后，人们把弯弯曲曲的河道规划成一条笔直的河，把河水拦在一个又深又窄的渠道里，既为了阻挡洪水灾害，也想通过水力发电站发电。但是，自从把河道规划成一条笔直的一字型之后，问题也一个个出现了。

以前，河水随着弯弯曲曲的水道，到处流淌、碰壁，水流的速度也会随着变慢。但是，笔直的河道，宽度又窄、两侧的河道又很坚硬，把水堵得死死的，水流的速度变得更加迅猛了，河床也逐渐加深了。本来是为了阻挡洪水灾害。结果，却造成了更大的洪水灾害。

不仅如此，随着时间的流逝，水一直向更深的土里流失。从某一天开始，河流周围的森林干枯而死；因为很难打出水井来，甚至到了没办法耕地种庄稼的地步。人类的损失都这么大，没办法说话的动植物该有多痛苦

现在的欧洲！

欧盟正在努力将所有的江河湖海恢复到“最接近自然、最健康的状态”。到 2015 年为止，如果达成不了这个目标的话，各国必须交出巨额罚金。这项规定的意义在于：在人类损失更大之前，各方力量应该团结一致，把河道恢复到原来的状态。

啊？”

“是的，韩国也是这样。水獭宝宝等很多动植物正在受苦。那应该怎么办呢？”

“为了解决这一切问题，我们重新开始施工。当然，这次施工是为了把河道恢复成一百年以前的状态。拆除了蓄水池、水坝、笔直的河道，重新改成以前那样弯弯曲曲的模样。不过，不可能完全恢复了。一百年前河道宽度超过1千米，而现在只有150米了。”

听了老夫妇的话，我们非常轻松地找到了四大江水利工程问题的解决方法。我们找到的解决方法是：必须原封不动地保留江本来弯弯曲曲的样子。人们相信可以把自然改造成对人类有利的状态，但也许这些行动会给人类带来更大的不幸。水獭不能生存的江，最终会变成人也不能生存的江。这一点，人类绝对不应该忘记。

如果你热爱地球的话

1. 少用些肥皂和洗发水。
2. 不要随便丢弃用剩下的、不吃的药。

22

教育

韩国
草绿小学

麻爱扔和麻包吃回学校了！

任务 把草绿小学改造成与校名相配的环保学校

我们出来进行环境保护任务，已经接近一年了，现在也只剩下两个任务了。只要成功完成这两个任务，我们就可以留在地球上了。我们内心激动地想着今天会到什么地方，不禁往窗外看去。

我们透过窗户看到的，明明是我和麻包吃读书的学校——草绿小学啊。这该不是在做梦吧？我们高兴地跑到了外面。朋友们看到飞船，在好奇心的驱使下，也走了过来。看到我们从飞船上下来，他们大吃一惊。紧接着，里萨库也从飞船上走了下来，他对我和朋友们这样说道：“今天的任务是把草绿小学改造成与校名相配的环保学校。那么，我先走了。”

里萨库一走进飞船，朋友们就发出羡慕的感叹声：“哇，超酷的！你们是真正的间谍吗？”

“麻爱扔，你们一家人好像《碟中谍》里的间谍一样。太酷了！”

尽说些搞不清楚状况的话，我们一家人不知道多辛苦呢。不过，我对朋友们说道：“你们也会帮忙吧？这次任务失败的话，我们就要永远离开地球了。”

“不要担心！我们会帮忙

的！”

校长和其他老师也答应来帮忙。我们一家人用“鹰之眼”开始寻找草绿小学存在的环境问题。通过之前的旅行，我们已经变成相当不错的环境博士了，草绿小学存在的环境问题一一呈现在我们眼前。

我们最先发现的问题是：学校里的植物太少。这样一来，学校看起来太荒凉，孩子们感觉不到自然的存在；第二，垃圾分类收集做得不太好。虽然有分类收集箱，但是，收集箱里乱七八糟，塑料和纸质垃圾混在一起、可以再利用的两面纸也被丢弃了；第三，空教室里还开着很多日光灯，严重浪费能源。

我们提出了问题之后，校长说，他会和孩子们一起在学校周围再建些花坛、多种些树木和植物。另外，对于空教室里开着日光灯的问题，他跟我们承诺，让孩子们成为“守护能源队员”，互相监督。

我们班主任老师称赞我，说我快成为环境博士了。我们嬉戏吵闹的时候，里萨库从我们身后走了过来，对朋友和老师说道：“各位，麻思冷家族在过去的一年里，为了

现在的韩国！

韩国家长们的教育积极性，在世界上的知名度很高。但是，学校教育问题反而因此受到了指责。最近，为了建立一个不仅只是培养学习第一名，还要关心邻居、下一代、自然环境的学校，社会各界展开了许多努力。政府方面，设立了“能源政策”、“可持续发展”等各式各样的学校项目；社会方面，环境保护运动团体也在开展“创造学校森林”这样的活动。

完成任务，去了地球的各个角落。你们知道是什么原因吗？他们必须了解，因为我们无意的举动，却给地球另一端带来了巨大的灾难。请大家不要忘记，今天各位做的承诺不是为了麻思冷一家人，而是为了你们自己。”

我们和朋友们告别之后，再次上了飞船，准备完成最后一个任务。朋友们为我们加油，说我们一定能成功完成最后一个任务。这里有我亲爱的朋友和老师，我一定要回来。呜！

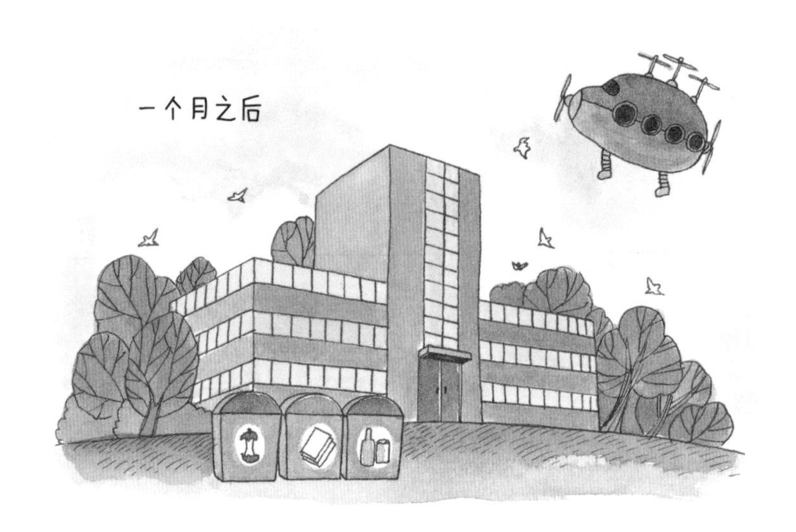

1. 观察一下自己学校里有多少种动植物。
2. 调查一下自己教室一周要使用多少能源。
3. 可能一个人实践起来比较困难，可以叫上班里的同学一起，在学校里找找看，有什么可以身体力行的事。

哥本哈根森林幼儿园

在森林里休息

只剩下最后一个任务了，我们却比任何时候都紧张。因为一直到现在，受了那么多苦，辛苦地完成了那么多任务，如果在最后一个任务中失败的话，我们就要永远离开地球了。爸爸因为太紧张，脖子酸痛；妈妈头疼，头钻心地疼；我浑身哆哆嗦嗦地发抖；麻包吃说他肚子非常疼。这个时候，里萨库表情严肃地走了进来。

“终于只剩下最后一个任务了。今天执行任务的地点是丹麦的哥本哈根。你们下了飞船之后，有人在那里等你们，她会告诉你们最后的任务是什么。最后一次任务，祝你们幸运。”

从飞船上走下来的时候，眼前是一片森林。一位女士在等我们。

“见到你们很高兴。我叫莱妮，是这个格拉杰申（译者注：无法考证，为音译）森林的森林解说员。那么，接下来，我给大家介绍一下这个森林里，都有哪些植物吧？这个被称为英国栎树，但其实故乡是丹麦；这是苏格兰松树；这是哥本哈根的骄傲，野生兰花；这是丹麦酸橙树，果实味道甜极了。”

“哇，莱妮小姐怎么能背出这么多植物的名字啊？”

“其实，我小时候在这片森林里的‘森林幼儿园’上过学。”

“森林幼儿园？”

“顾名思义，就是在森林里的幼儿园。我们幼儿园没有固定的教

室。上午，在森林入口处，和老师还有朋友们碰面，然后大家一起在森林里边走边用身体感受季节的变化。在大自然里学习音乐、美术、各种各样的游戏，用这种健康的方法，锻炼孩子们的身体和运动能力，提高孩子们的认知力、想象力和独立性。”

“韩国要是也有这样的幼儿园就好了。那我们小毛毛就可以去那边学习了。”

“这所森林幼儿园，是丹麦的爸爸、妈妈们通过努力建成的。回到韩国以后，麻都用夫人您也尝试着和与您志向相同的父母，一起建立森林幼儿园，怎么样？”

妈妈和莱妮小姐说话的期间，爸爸插了句嘴：“我们要完成最后一个任务。快点告诉我们任务是什么吧。”

爸爸一说完，莱妮小姐笑着回答道：“这段时间里，你们到世界各地执行任务，应该很累了吧。今天就在森林里安静地休息一下吧。在森林里

现在的丹麦！

丹麦，从 20 世纪 60 年代开始，经过妈妈、爸爸们的努力，成立了森林幼儿园。森林幼儿园让孩子们和自然成为朋友，并一起玩耍。在森林幼儿园里，孩子们可以直接在森林里溜达，感受季节变迁的模样。另外，他们还会在森林里学习美术、音乐、各种游戏。像这样的森林幼儿园，光是丹麦，就有 60 多个，并逐渐传到了德国、法国等很多欧洲国家。

好好地休息，就是今天麻思冷家族的任务。所以，如果休息不好的话，就算是任务失败吧？呵呵。”

突然间，爸爸大哭起来。我、妈妈，还有麻包吃，所有人都抱在一起，流下了喜悦的泪水。这段时间里，我们一直怕被逐出地球，整天担忧、过得非常辛苦。现在终于可以回家了，所有人都非常高兴。就这样，我们流了好一会儿眼泪，当我们再次抬眼环顾四周的时候，发现美丽的森林温暖地包裹着我们，好像在安慰我们似的。一想到以前因为我们不好的生活习惯，使得这么宝贵的自然受到了伤害，我们就觉得非常惭愧。就算回到家以后，我们也不能忘记这份宝贵的记忆，要好好珍藏。

如果你热爱地球的话

1. 在笔记本上写出你知道的花草种类。
2. 了解一下爱护自然对我们有什么好处。

你好，我的朋友马里奥！

过了好几年才给你写这封信，有点不好意思。我的名字是麻爱扔，5年前帮助过你竞选学生会会长，你还记得吗？如果你不记得的话，我会“哇”一声哭出来的。你一定要说你记得哦！如果你不记得我的话，我的弟弟麻包吃会笑话我。

5年前，我们一家人游历世界各地，完成了44个环境保护任务，重新获得了地球居住许可证。幸亏世界各地的地球朋友们的帮助，才有了这样的结果。当然，马里奥，你对我们的帮助真的很大。世界之旅结束之后，我也常常在想：怎么样才能让我们生活的学校和家里，更加环保一些。而且，我也一直在实践。还有，我也像你一样，去竞选了环保学生会会长……当当！我被选为学生会会长了。我把帮助你竞选的时候学到的东西，原封不动地实践了一遍。哈哈！

可是，麻包吃和爸爸还是不懂事。经常忘记我们在世界旅行途中保证过的事。爸爸声称小毛毛长大了，所以还是开着他那辆超级耗油的7人座轿车；每天夜里，还会偷喝进口果汁。麻包吃还是大吃大喝，所以也会扔很多食物垃圾。

因为这些原因，几天前，里萨库叔叔又给我们一家人送来了警告通知。并且跟我们说，如果再做出一次危害地球环境的行为，地球居住许可会被再次取消。我们一家人又要担

惊受怕了。

说到我给你写这封信的原因呢。其实是因为我们一家人受到了警告处罚。以后，每 4 年就要去世界各地游历一次，执行环境保护任务了。如果不这么做的话，我们就必须立即离开地球。

我们马上就要出发去世界各地旅行了。这次旅行途中，我应该又能见到你了。嘻嘻！我看了里萨库提前给我们的任务清单。里面说，要和成为青少年环境保护运动家的马里奥，一起去气候变化大会上发表演讲。又能再次见到你了，我真高兴。

好了，我就写到这里吧。见面以后，我们要好好聊聊，然后一起准备演说！还有，你帮我教训一下爸爸和麻包吃吧。他们根本不听我的话。

2021 年 1 月 20 日
你的朋友　麻爱扔

This Simplified Chinese edition was published by Shandong Fine Arts Publishing House in 2010 by arrangement with HANSOL SOOBOOK PUBLISHING CO.,Ltd. through Imprima Korea.
山东省版权局著作权合同登记号　图字：15-2015-349

图书在版编目（CIP）数据

地球使用说明书．2 /（韩）张美晶主编；（韩）金智敏著绘；陈治利译．-- 济南：山东美术出版社,2016.7
ISBN 978-7-5330-5944-6

Ⅰ．①地… Ⅱ．①张… ②金… ③陈… Ⅲ．①环境保护－儿童读物 Ⅳ．①X-49
中国版本图书馆 CIP 数据核字（2015）第 304061 号

责任编辑：张萌萌

主管单位：山东出版传媒股份有限公司
出版发行：山东美术出版社
济南市胜利大街 39 号（邮编：250001）
http://www.sdmspub.com
E-mail:sdmscbs@163.com
电话：（0531）82098268　传真：（0531）82066185
山东美术出版社发行部
济南市胜利大街 39 号（邮编：250001）
电话：（0531）86193019　86193028
制版印刷：青岛海蓝印刷有限责任公司
开　　本：710mm×1010mm　16 开　9.5 印张
版　　次：2016 年 7 月第 1 版　2016 年 7 月第 1 次印刷
定　　价：36.00 元